KB270687

무작정 떠날 용기

무 작 정
떠날 용기

이준호 쓰고 찍다

알비

모험이 되어버린 여행의 시작

*

23살 이란 다소 늦은 나이에 '새내기'란 꼬리표를 달고 건축학도가 되었다. 남들보다 늦었기 때문에, 진심으로 하고 싶어서 선택했기에 열정적이었다. 그래서인지 학기 초에 필요하다고 생각되는 것이라면 뭐든지 물고 늘어졌는데, 카메라도 예외는 아니었다. 과제를 하면서 사진을 찍을 일이 많아지자 가지고 있던 오래된 콤팩트 카메라로는 도무지 성에 차지 않았고, 고심 끝에 그동안 모아둔 돈을 탈탈 털어 입문용 DSLR 카메라 한 대를 장만했다. 그럴듯한 카메라를 손에 쥐고 나니 당장 어디든 찍으러 다니고 싶어졌고, 막연하게 나름의 '건축 답사' 계획을 세우기 시작했다. 그해 8월의 어느 더운 여름날, 서울로 건축 답사를 떠나게 됐고, 그렇게 배낭을 메고서 홀로 떠난 '첫 여행'의 발을 떼었다. 이후 방학 때만 되면 일주일 정도의 일정으로 배낭을 둘러메고 전국 팔도 곳곳을 누비고 다녔다.

대부분의 여행이란 게 대자연을 마주하러 가거나, 역사를 간직한 장소, 트렌드가 살아 숨 쉬는 세련된 공간을 찾아가게 마련인데, 그 모든 곳엔 예외 없이 건축물이 공존하고 있다. 사람이 있는 곳엔 어떤 형태로든 그들이 머무를 수 있는 건축물이 지어져 있기에 여행과 건축을 떼어놓고 이야기한다는 건 어쩌면 불가능한 걸지도 모른다. 처음 발을 들이는 낯선 도시의 첫인상을 좌우하는 것 역시 눈앞의 공간을 가득 채우고 있는 건축물들인 경우가 많다. 그리고 그 건축물의 형태는 그 도시에 살아가는 사람들의 삶의 형태와 닮아있다. 살아가는 이들의 문화와 삶의 방식이 고스란히 건축물에 담겨 도시 전체의 인상을 좌우한다. 어쩌면 건축을 통해 간접적으로나마 그들의 삶을 들여다볼 수 있는 건지도 모른다. 골목의 풍경, 길을 오가는 사람들의 인상, 묵묵히 제 자리를 지키고 있는 건물들, 이 모든 장면이 한데 어우러져 만들어내는 그들만의 이야기가 있다. 건축 답사로 시작한 여행이 어느덧 삶을 관찰하는 여행이 되어가고 있다는 걸 국내여행 횟수가 쌓여가면서 어렴풋하게나마 알아차릴 수 있었고, 그럴 즈음 조금 더 낯설고 새로운 도시 이야기가 궁금해지기 시작했다. 여러모로 우리와는 많이 다른 지구 반대편의 또 다른 그들이 만들어가고 있을 세상이 말이다.

*****

이왕 먼 길을 떠날 거라면 조금은 오래도록 떠나고 싶단 생각이었고, 3개월? 6개월? 그것으로는 한참 부족하게 느껴져 고개를 저었다. 조심스럽게 1년이라는 시간을 떠올렸고, 마음에 들었다. 딱 그 정도여야 알맞고 적당했으며, '1년'이란 시간에 지구 '한 바퀴'라는 거리 또한 매우 타당한 것만 같았다.

서울로 떠났던 첫 배낭여행으로부터 1년이 지난 이듬해 여름의 끝자락. 그동안 가슴 속에 알알이 쌓아왔던 세계여행의 꿈을 행동에 옮기기로 했다. 우여곡절 끝에 부모님을 설득할 수 있었고, 2학년 가을학기 개강과 함께 본격적으로 여행 준비에 돌입하기 시작했다. 이제 온전히 여행 준비에만 몰두하면 될 거란 생각이 순진한 착각이었음을, 학기가 시작함과 동시에 깨달았다. 주어진 과제 마감 때문에 매 학기 밥 먹듯 하던 밤샘 작업이 다시금 현실로 눈앞에 닥친 거다. 체력 소모가 심한 학교 설계 과제와 하나도 준비된 것 없는 백지상태에서의 여행 준비를 병행한다는 건 생각했던 것보다 훨씬 더 힘에 부쳤다. 여행 준비란 것이 단순히 가고 싶은 곳 콕콕 집어 선으로 연결한 뒤 나만의 여행 루트 지도를 만들면 절반 이상은 끝날 거라, 그렇게 끝이 난 거라 믿고 싶었지만, 막상 뚜껑을 열어보니 내가 어디를 갈지는 그리 중요한 문제가 아닌 듯했다. 미처 생각지 못했던 수많은 절차와 서류들, 고려해야 할 문제들은 준비하면 할수록 끝 모르고 가지치기하며 뻗어갔다. 필요한 물품들의 목록 역시 아직 밑그림조차 제대로 그려지지 않은 여행 계획 위로 끝도 없이 쏟아져 나왔다. 당장 정해진 것이라곤 내년 어디쯤 내가 떠나게 될 거란, 그 사실 뿐이었다.

'그렇다면 난 언제 떠나야 할까?'

우선 출국일부터 정하고 나면 복잡한 상황이 좀 정리되지 않을까 싶어 책상 위 스케줄러 캘린더를 한 장, 두 장 넘기기 시작했다. 종이를 넘기던 손이 멀리 갈 것도 없이 1월에서 멈춰 섰다. 서른한 개의 날짜 중에 유독 눈에 띄는 날짜가 있었고, 옆에 놓인 펜을 들고선 망설임 없이 그 날짜에 동그라미를 쳤다.

'1월 17일.'

자신에게 가장 특별한 날, 내가 태어난 날이다. 매년 돌아오는 이 특별한 날에 또 다른 특별함을 하나 더 얹고 싶단 생각이 들었다. 앞뒤 맥락 없이 D-DAY를 설정하다 보니 여행 준비할 수 있는 시간은 겨우 100일밖에 남지 않았고, 오히려 초조함만 더해져 버렸다. 날짜를 정했음에도 상황이 나아질 기미조차 보이지 않는 건 어쩌면 당연했다. 3일 치 시험을 준비하려고 해도 14일은 매달린다. 그래도 불안하다. 그런데 1년의 세계 일주를 계획하고 준비하는데 겨우 100일이라니, 어쩜 이렇게 무모할 수 있을까.

얼마 안 되는 준비 기간, 예상치 못한 문제들에 발목 잡혀 정신없이 넘어졌다 일어서기를 반복했고 불안, 초조, 여행에 대한 설렘이 뒤엉킨 감정의 널뛰기 속에 야속하게도 시간은 너무나 빨리 흘러 갔다. 머잖아 출국일이 일주일 앞으로 다가왔고 그쯤 되자 설렘이란 감정의 흔적, 그 기억조차 바래져 버렸다. 준비가 많이 부족할 거라 예상은 했지만, 그렇기에 더더욱 애를 써봤지만 역시나 많이 부족했다. 나름대로 의미 부여를 위해 설정한 날짜를 굳이 이렇게까지 고집했어야 했을까. 순간 스스로 너무나 무책임한 것 같아 참을 수 없는 분노가 일었고, 이대로 떠나야 할 생각에 감당할 수 없는 두려움이 덮쳐왔다. 출국 일을 미뤄야 할까? 너무 성급했던 걸까? 아직은 때가 아닌 걸까? 한없이 움츠러드는 자존감에 위로조차 해줄 수 없었다. 그런데도 1월 17일은 포기할 수 없었고 지켜내야만 했다. 준비에 빈틈이 많을수록 여행을 통해 그 틈을 채워갈 다른 무언가 들도 많아질 거라고, 부족했던 준비가 훗날 되려 의미 있는 출발일을 더욱 빛내주는 그런 여행이 될 거라 믿고 싶었다. 결국, 난 뜬눈으로 일주일을 지새우며 버텨냈고, 그토록 바랐던 혹은 바라지 않았을지도 모를 D-DAY와 마주했다.

이른 아침, 앞뒤로 두 개의 커다란 배낭을 짊어지고 공항에 들어섰다. 제대로 챙긴 건지 불안하다 가도 무지막지하게 꽉꽉 눌러 담은 배낭을 바라보고 있자니, 깜빡하고 이것저것 빼먹고 왔다면 차라리 다행일 거란 생각마저 들었다. 비행기가 활주로 위에서 이륙 준비를 할 때까지도 '세계여행'을 떠난다는 사실에 현실감을 느낄 수 없었다.

'내가 진짜 1년 동안 지구 한 바퀴를 돌기 위해 지금 떠나는 건가?'

부족한 현실감만큼이나 부족한 여행 준비, 그것에 대한 부담감은 그 순간까지 날 물고 늘어졌다. 양 날개에 달린 엔진이 굉음을 내기 시작했고 몇 초 뒤 온몸은 뒤로 쏠렸으며 곧이어 위쪽으로 기울어졌다. 기압 차로 멍멍해진 귀를 뻥 뚫고 나서야 기내 창밖 풍경이 눈에 들어오기 시작했다. 한참 발아래의 장난감 같은 도시를 바라보고 있자니 이젠 정말 돌이킬 수 없다는 걸, 지나온 외나무 다리에 불을 질렀음을 인정할 수밖에 없었다. 그렇게 인정하고 나서야 비로소 '세계여행'이란 현실에 첫발을 내디딜 수 있었고, 온갖 근심 걱정들로 무겁기만 하던 마음은 이내 홀가분해졌다.

'에라 모르겠다. 될 대로 되겠지.'

＊＊＊

기내 창밖에 비친 어둑어둑하고 흐릿한 뉴욕공항의 모습이 선명해지던 17일 밤. united airlines의 좁은 이코노미석에 12시간 동안 억눌려있던 몸을 겨우 가눠 배낭까지 찾아 어깨에 들쳐 매보지만, 아직 여기가 어딘지 실감이 나질 않았다. 어린 학창 시절부터 단어장을 손에 들고 달달 외우며 자랐기에 충분히 익숙할 거로 생각했던 영어는 내가 알던 그것과는 많이 달랐고 낯설게만 느껴졌다.

공항 기차를 타고 도착한 맨해튼 중심 지하철역. 배낭끈 조절이 제대로 되지 않아 엉거주춤한 자세로 배낭을 들쳐 매고서는, 수많은 사람이 정신없이 지나쳐가는 역 한가운데에 멍하니 서서 'American Youth Hostels'의 주소가 적힌 조그만 메모지만 한참을 들여다보고 있었다.

역 출구를 나와 바둑판처럼 규칙적으로 정렬된 도로 주소를 확인하며 길을 찾아보지만, 말을 듣지 않는 방향감각. 머리는 동쪽을 향하고 있는데 발걸음이 이끄는 길은 서쪽. 같은 구역을 몇 바퀴나 돌고 도는 동안 배낭끈은 늘어질 대로 늘어져 땅에 닿아가고 살을 에는 듯한 추위의 한파가 불어닥친 뉴욕의 밤거리에 홀로 땀에 흠뻑 젖은 채 발만 동동 굴렸다.

그렇게 한 시간가량을 헤매다 겨우 방향을 잡고 찾아온 여행의 첫 숙소, '하이 호스텔'. 들어선 로비 층의 복잡스러운 분위기 탓에 얼떨떨한 기분이 쉽게 가시지 않았다. 배낭을 당장에라도 내려놓고 싶은 마음에 서둘러 체크인을 하고 방을 배정받았다. 숙소에서 가장 저렴한 곳이지만 나름의 깔끔함이 묻어나는 방. 2층 침대 5개가 자리한 10인 도미토리. 지금의 내겐 뜨거운 물을 아낌없이 뿜어내는 눈앞의 샤워장만으로도 충분했다.

더할 나위 없이 시원한 샤워를 끝내고 자판기에서 물 한 병을 뽑아 숙소 밖으로 나왔고, 적당히 내려앉은 난간에 걸터앉자 그제야 뉴욕의 밤공기를 마실 여유가 생겨났다.

1월 17일, 내 생애 가장 길었던 하루.

첫 숙소를 찾아가는 것부터 모험이 되어버린 여행의 시작.
이 여행, 무사히 끝마칠 수 있을까?

Contents

Chapter 「 열정 」

가장 뜨겁게 타오를 때

최초의 것

"Welcome to Top of the Rock."

나긋나긋한 안내멘트가 흘러나오며 67층에 멈춰 선 엘리베이터 문이 활짝 열렸다. 뉴욕 맨해튼 도심이 한눈에 내려다보이는 록펠러센터 꼭대기 전망대. 마치 누가 더 높이 솟았는지 경쟁이라도 하듯 빽빽하게 들어찬 빌딩 숲이 눈앞에 펼쳐졌다. 그중 에서도 유난히 위풍당당하게 서 있는 건물, 엠파이어스테이트 빌딩이 눈에 들어왔다.

요즘 시대엔 높은 빌딩 축에 끼기도 힘들지만, 그런데도 세계에서 제일 높은 빌딩하 면 뉴욕의 엠파이어스테이트 빌딩이 가장 먼저 떠오르는 건 '최고'가 아닌, '최초'의 고층 빌딩이어서 인지도 모른다. 최초의 고층빌딩이라는 타이틀과 그에 얽혀 생겨난 수많은 이야기의 연장선 위에 여전히 놓여있기 때문이다.

처음이란 것에 대한 인상은 늘 강렬하다. 수 없이 걸어 다니는 발걸음 중 지금까지도 곱씹으며 추억되는 것도 앨범에 첫걸음마로 기록된 아장거림이었고, 끊임없는 만남 과 이별을 반복하며 가슴앓이하는 동안에도 여전히 잊히지 않고 생생한 건 처음 가 슴 떨렸던 그 순간이었다.

전망대 위에 올라선 지금 이렇게 벅차오르는 건, 파스텔 빛으로 물들어가는 맨해튼 의 매직아워 때문만은 아닐 테다. 어쩌면 처음인 것 투성이인 여행길 위에서 최초의 것이 한가득 쌓여갈 거란 그 사실에 마음이 먼저 움직여 버려서 인지도 모른다.

임기응변

'여기가 맞나? 제대로 서 있는 거 맞겠지? 왜 나 혼자인 거야?'

라스베이거스의 캄캄한 새벽 아침. 그랜드캐니언 투어를 위해 정해진 픽업 장소에서 셔틀 차량이 오기를 기다려보지만, 픽업 시간이 지나도록 아무도 나타나지 않자 점점 초조해지기 시작했다.

몇 발자국 옆에서는 공항으로 향하는 듯한 셔틀 차량 한 대가 사람들을 부지런히 실어나르고 있었다. 이곳 차량운행시스템은 대부분 사전예약으로 진행되기에 미리 결제를 끝낸 여행자들이 스스럼없이 차례로 셔틀 차량에 올라타고 있는 거였다. 그런데 그때 차량 근처에서 머뭇머뭇 서성이는 외국인 남자 한 명이 눈에 띄었다. 뭔가 한참을 망설이는가 싶더니, 셔틀 차량 기사에게 다가가 어떤 가능성을 타진하는 듯해 보였다. 띄엄띄엄 들리는 그들의 대화는 대략 이러했다.

"나 예약한 셔틀을 놓쳤어. 지금 빨리 공항으로 가야 하는데, 내가 지금 너한테 돈을 지불할 테니까 셔틀에 태워줄 수 있어?"
"물론이지."

사내는 곧장 주머니에서 달러를 한 움큼 꺼내 셔틀기사의 손에 쥐여주며 셔틀 차량에 올라탔다. 날 태울 셔틀 차량을 하염없이 기다리며 그 장면을 우두커니 서서 지켜보던 난, 문득 그 사내가 참 대단하단 생각이 들었다. 예상된 계획이 뜻대로 흘러가지 않고 틀어진 상황에서 크게 당황하지 않고 지금 시도할 방법에 망설임 없이 들이대는 그의 모습이 이제 겨우 여행을 시작한 지 보름을 갓 넘긴 초짜 여행자에겐 너무나 인상적이었던 거다.

'이런 게 바로 선배여행자들이 말하던 임기응변인 건가!!'
그리곤 괜히 내가 더 짜릿해져서는 '그럼 나도 한번?!'

날 태울 셔틀버스에 문제가 생긴 게 틀림없다며 뭔가 도전적인 상황과 마주했단 생각에 긴장되기 시작했다. 이런저런 경우의 수를 쪼개느라 머리 회전이 빨라지려던 찰나, 누가 연출이라도 한 것처럼 영영 오지 않을 것 같던 셔틀버스가 짠하고 나타났다.

'아!…'
왠지 아쉬우면서도 뭔가 다행스러운 복잡미묘한 감정이 스쳤다.

그래, 맛보기는 여기까지.
본 게임은 다음 기회에 시작하자고!

가장 뜨겁게 타오를 때

가장 뜨겁게 타오르는 때.
가장 뜨겁게 타오를 때.

다들 어디쯤인가.

그 긴 하루 중,
단 몇 초만 허락되는 때이기에
놓치지 않았으면 싶다.

별수 없는

꽁꽁 얼어버린 찰스강과
별수 없는 요트 한 척.

놀이터

온갖 페인트 색이 말라붙어 낡아 바스러져 가는 건물들 사이를 거닌다. 삐걱대며 겨우 바퀴를 굴려가는 인력거가 50년도 더 된 올드카들 사이를 스치고, 벽면 곳곳에 그려진 체 게바라 초상과 지나치는 골목마다 흘러나오는 '관타나메라'가 두 눈과 귀를 끝없이 자극한다. 그렇게 한참을 정처 없이 거닐고 있는 이곳은 '올드 아바나'. 혁명과 올드함의 대명사인 쿠바의 수도다. 입 밖으로 뱉을 수 있는 스페인어가 겨우 인사말(Hola) 정도라서 일까, 걸음걸이도 어느새 잔걸음이 되어있다. 잔걸음으로 저만치서 들려오는 시끌벅적한 소리를 쫓다 보니 다다른 곳은 때 아닌 놀이터. 모래인지 콘크리트인지도 모를 딱딱한 바닥만 모른 체한다면 웬만큼의 구색은 다 갖춰진 놀이터다.

정신없이 뛰어다니던 3명의 소년은 낯선 여행자의 인기척에 바삐 놀리던 몸을 멈칫한다. Hola! 반갑게 인사를 건네자 한 명이 씨-익 웃으며 그네로 향한다. 그러더니 대뜸 그네 공중 물구나무서기를 선보였고, 이에 질세라 다른 녀석들도 차례로 미끄럼틀, 회전 그네에 올라타고 그간 갈고닦은 놀이터 공략법을 쏟아내기 시작한다.

밑도 끝도 없이 시작된 3명의 꼬마 선수들 간 경쟁. 놀이터에서 은퇴한 지 20년이 다 되어가지만 이곳 놀이터의 룰은 변함없다. 누가 얼마나 더 무식하게 용감한가. 훗날 팔과 다리를 감싼 옷깃 이곳저곳을 들추며 남들보다 용감 하느라 새겨진 영광의 상처들을 뽐낼 테다.

Hey, Amigo!

떠나오기 전 여행 일정을 짜기 위해 학교 도서관 책장 사이를 서성이다 우연히 사진집 한 권을 펼쳐 들었다. 책장을 넘기다 온갖 낡은 것들로 바래져 볼품없는 어느 골목길 사진을 한참 동안 바라보다 책을 덮었고, 그 사진 한 장에 마음이 흠뻑 젖어버린 난 계획에도 없던 '쿠바'를 가야겠다고 마음먹어버렸다.

사진을 좋아하는 사람이라면 한 번쯤 쿠바에서의 촬영을 꿈꾼다. 오래되고 낡은 것이 특유의 강렬한 색감과 어우러져 만들어내는 독특한 사진의 맛을 음미하고 픈 마음에서다. 하지만 사진에 대한 욕망을 불러일으키는 건 비단 그런 이유뿐만은 아니라는 걸, 쿠바 아바나의 길을 걸으며 깨달았다.

쿠바 사람들은 사진에 관대하다. 당신이 손에 카메라를 쥐고 있기라도 하다면, 길을 걷는 당신에게 심심찮게 던져지는 말들이 있다.

'헤이, 아미고(Hey, Amigo!)'

'헤이, 아미고'라고 불러줄 때 그들에게 그저 잠깐 스쳐 가는 존재가 의미를 가지게 되는 순간이다. 카메라를 손에 쥔 여행자가 쿠바의 낡고 오래된 골목길로 향하는 발걸음을 멈출 수 없는 이유다.

'여봐, 친구'쯤 되는 인사말로 당신을 불러 세워서는 너나 할 거 없이 먼저 다가와 사진을 부탁하는 그런 곳이다. 적당히 자세를 잡고 선 그들을 노력껏 찍어 주는 것만으로도 그들에게 선물이 될 수 있는 그런 곳이다. 조그마한 LCD 화면으로 방금 찍은 사진을 다 같이 빙 둘러서 확인할 때, 미소 띤 얼굴로 서로의 엄지를 척하고 치켜세우는 것만으로 서로에게 충분해지는 곳이다.

Taxi Driver

그늘진 곳 구석 한쪽에 흰 수염이 멋스러운 노년의 수다쟁이 한 분이 서 있다. 굵직한 시가 한 대를 손에 들고 뒷짐 진 채 머리엔 NEWYORKCITY가 선명하게 수놓인 모자를 눌러쓴 할아버지는 쿠바의 택시 드라이버다. 오늘 여정을 함께 떠나줄 한 명의 택시 드라이버가 필요했고, 그가 날 데려다줄 참이다.

그늘을 벗어나 성큼성큼 앞장서 걷던 그가 멈춰 선 도로변 위에는 낡고 오래된 택시 한 대가 서 있었다. 성한 구석이라곤 찾아보기 힘들지만 나름의 기품이 묻어나는 새하얀 올드카. 차에 올라타는 그를 따라 뒷좌석에 몸을 싣는다.

아바나를 떠나 피나델리오까지 4시간에 이르는 택시 여행은 별스러울 것 없는 택시 드라이버의 모놀로그다. 노년의 택시 드라이버가 시가를 입에 물고서 스페인어로 내게 한참 동안 중얼거려보지만 겨우 알아들을 수 있는 거라곤 창밖으로 심심찮게 스치는 싱그런 초록 작물이 마리화나라는 사실뿐이다. 스페인어 까막눈인 내가 제대로 알아듣지 못하는 탓에 그가 뱉어낸 말들은 모조리 택시 드라이버의 혼잣말이 되어버린다. 그런 사실을 알면서도 쉬지 않고 수다를 이어가는 걸 보면 노년의 택시 드라이버는 지금과 같은 일방적인 대화를 꽤 즐기는 눈치다. 중간중간 들리는 마을마다 그냥 지나치는 법이 없는 그는 차를 세워놓고 길 건너 노점 카페에서 주문한 커피 한 잔을 가볍게 홀짝 들이켜는 일도 빼먹지 않는다.

내가 놓여있는 곳이 너무 감쪽같을 정도로 주변의 모든 것들에 제 색깔, 제 옷이 입혀져 있을 때면 눈 깜짝할 새에 영화 속으로 스며들어온 듯한 착각에 빠져들곤 한다. 미국 서부영화가 카우보이라면, 쿠바 영화는 이제부터 내겐 택시 드라이버다. 매일 새로운 관객을 태우고 몇 분, 혹은 몇 시간이 걸릴지 모를 로드무비를 상영하는 쿠바의 택시 드라이버다.

꽁지머리

루이스와 요한의 고향 마을에 초대받아 보낸 1박 2일의 짧은 여정도 끝을 향하고 있었기에 쿠바 어느 외딴 시골 마을에서 다시 아바나로 돌아가기 위해 우리 셋은 새벽 4시부터 비몽사몽 집을 나섰다.

사람들로 꽉 들어찬 닭장 같은 로컬 버스에 올라타자마자 콩나물 대가리처럼 고개만 겨우 내밀어 숨쉬기 바빴고, 갑작스레 쏟아지는 폭우 탓에 버스 바닥은 여기저기서 흘러내린 물기로 가득했다. 잠도 제대로 못 자고 나선 데다 10kg에 달하는 무거운 배낭을 겨우 들쳐 맨 채 위아래 좌우로 마구 흔들려대는 발판을 마땅한 손잡이도 없이 두 다리만으로 버텨내는 건 꽤 가혹한 승차감이었다. 그 와중에도 쌓일 대로 쌓인 피로와 점점 무거워지는 눈꺼풀에 꾸벅꾸벅, 고개는 자꾸만 떨구어졌다.

그렇게 얼마나 달려왔을까. 갑작스레 느슨해진 주변 탓에 정신을 차리고 보니 멈춰진 닭장 같던 버스에서 사람들이 하나, 둘 내리기 시작했다. 이미 환해진 창밖 풍경에 비는 그친듯했고 친구들의 뒤를 따라 지긋지긋하던 버스에서 서둘러 내려섰다.

나 이제 얼마나 더 가야 하는 거야? 루이스 아바나까지 가려면 버스를 한 번 더 갈아타야 돼. 게다가 다음 버스 타려면 시간이 꽤 많이 남았어.

폭우 속의 비포장도로를 5시간 넘게 달려왔지만, 루이스가 던진 한마디는 겨우 버텨온 두 다리를 주저앉게 하였다. 먼 길 데려와 고생만 시키는 것 같아 미안했는지 요한과 루이스는 어떻게든 축 처진 분위기를 띄워보려는 눈치였다. 머뭇거리던 요한이 언제 챙겨왔는지 가방에서 와인 한 병을 꺼내 한 모금 하고서는 내게 병을 건넸다. 나 한 모금, 루이스 한 모금. 사이좋게 주거니 받거니 알코올을 들이켰고 남은 시간 동안 동네 한 바퀴 돌자며 우리 셋은 몸을 일으켰다.

와인을 홀짝이며 나란히 걷던 길에 루이스와 요한은 갑자기 아무 말 없이 길모퉁이 길거리 이발소로 내 팔을 잡아끌었다. 이발사에게 한참을 무어라 설명하더니 막무가내로 의자에 날 앉혔고 눈 깜짝할 새에 내 몸엔 검은색 미용 가운이 둘러졌다. 아직 머리 자를 때가 아니라는 내 말에 믿고 맡겨보라며 그저 씨익 웃기만 하는 두 녀석이다. 그리 길지 않던 머리카락은 이발사의 재빠른 손놀림에 꼼짝없이 다듬어져 그럴듯한 투블럭의 맵시를 갖추게 됐다. 내 머리를 한참이나 쳐다보던 루이스는 뭔가 아쉬웠는지 대뜸 주머니를 뒤적였고 고무줄 하나를 꺼내들었다. 그리고 잡힐 듯 말듯한 내 뒷머리를 간신히 한 움큼 모으더니 노란 고무술을 튕겨 묶어버렸다. 두피까지 조여오는 뒷머리에 혹여 머리카락이 빠지면 어쩌지라는 쓸데없는 걱정 한 움큼까지 한데 묶여 '꽁지머리'가 완성됐다.

거울에 내 모습을 한번 비춰보고 이어 루이스와 요한을 번갈아 쳐다보자 순간 서로의 입에서 웃음이 터져 나왔다. 이른 아침부터 와인으로 길음주를 하다 노상 이발소에 덜컥 앉아 꽁지머리를 묶은 내 모습이 왠지 모르게 무척이나 통쾌했던 까닭이다. 루이스와 요한은 이제서야 활짝 웃음 짓는 내 얼굴을 바라보며 그들 나름의 다행스러움이 뒤섞인 통쾌함을 뱉어낸 건지도 모른다.

오로지 한 가지

나와 비슷한 1년여의 일정으로 세계 일주를 하는 일본 여행자 '와카'. 녀석이 여행을 떠나온 목적은 오로지 단 한 가지, '야구'다. 한국을 포함해서 대만, 도미니카, 베네수엘라, 미국, 쿠바 등 전 세계 프로야구가 열리는 곳만 짚어서 국가별 시즌에 맞춰 일정을 잡고 돌아다니고 있는 녀석이다. 길을 가다 녀석과 눈이라도 마주치려거든 당신이 유념해야 할 게 하나 있다. 아이컨택이 이루어지는 순간, 여지없이 같이 합을 맞춰 시원스런 헛스윙이라도 한 번 해줘야 가던 길을 놓아줄 거란 사실이다. 살갗에 닿는 모든 신경이 야구로 향해있는 듯한, 정말이지 못 말리는 녀석이다.

여행을 떠나오면 세상 처음 보는 것들로 눈코 뜰 새 없이 바쁜 당신의 오감이지만, 다른 건 다 제쳐놓고서 오직 한 가지만으로 만족할 수 있을까. 오로지 한 가지에만 집요하게 파고들고 욕망할 수 있을까. 한 가지를 손에 쥐느라 놓아야 할 다른 것들이 눈에 밟혀 그럴 수 없을 것 같단 생각이 들었다.

어쩌면 난 겁이 많았던 건지도 모른다. 이것저것 관심만 많았던 탓에 마음에 드는 것들을 살짝 찔러만 보고는 물러서길 반복했고, 하나를 택하면 나머지 것들을 모두 잃어버리게 될까 봐 무서웠다.

누군가 건네주는 선물꾸러미들을 주는 족족 받아 챙기는 게 아니라, 내가 정말 필요한 선물만 받아들 줄 아는 지혜가 녀석에겐 있는 듯했다.

버릴 줄 아는 것도 용기라고 하더라. 그럴 때 비로소 내게 정말 필요한 것에만 집중할 수 있지 않을까.

순수하게 한 가지에 미칠 줄 아는 그 녀석이 멋져 보였다.

연 날리는 소년

길을 걷던 중 무심히 푸른 하늘 위로 고개를 치켜들자 마침 '연'이 날았다. 머리 위로 연 하나가 슈-우-웅 하고 춤추며 날았다. 옥상인지 지붕인지 모를 콘크리트 벽돌 더미 위에서 세 명의 소년이 세 개의 서로 다른 연을 춤추듯 날리고 있었다. 걷던 걸음을 멈춘 채 고개를 치켜들고선 연 날리는 소년들을 하염없이 바라봤다. 하늘 위로 날리고 팠던 그 '무언가'를 찾은 까닭이다. 그랬기에 당장 '연'을 날려보아야만 했다.

그들이 간혹 곁눈질로 내 존재를 알아봐 주는 척이라도 할라치면, 그 틈에 건물 위로 냉큼 올라가려 계속 눈치를 살폈다. 카메라 뷰파인더에 눈을 가져다 댄 채 쉼 없이 그들을 찍다 보니 어느새 건물 위까지 올라와 버렸다. 연 날리는 소년들은 코앞까지 와서 카메라를 들이미는 낯선 여행자의 존재엔 관심조차 없다는 듯 하늘로 올려보낸 연의 춤사위에만 집중했다. 이에 질세라 난 그들 주위를 빙그르르 돌며 끝없이 물고 늘어졌고, 그제야 둘째쯤 되어 보이는 소년이 내게 관심을 보이기 시작했다. 그리곤 연을 한번 날려보겠냐며 실타래를 내게 건넸다. 얼떨결에 실타래를 손에 쥐긴 했는데 한 번도 해본 적이 없어 조작법을 모른다는 게 문제였다. 멍하니 서 있는 날 보다 못한 소년은 직접 시범을 보여주기 시작했고, 녀석에게 배운 대로 실을 잡고 아래로 힘껏 내려치자 손끝에 전해진 묵직함만큼 연은 더욱 힘차게 하늘 위로 날아오르기 시작했다. 그곳에서 내 모습은, 그 순간만큼은 연 날리는 소년이었다.

쿠스코

고대 잉카제국의 중심, 한때 '세계의 배꼽'이라 불리던 페루의 수도 쿠스코. 잉카문명이 남겨놓은 흔적 위에 얹혀진 스페인식 건물들이 아르마스 광장을 둘러싸며 만들어내는 앙상블은 다른 도시의 그것과는 조금 다르다. 어쩌면 손을 뻗으면 잡힐 듯 선명히 내려앉은 구름 때문일지도 모른다.

해발 3,400m. 하늘과 맞닿은 이곳에선 살짝 희박해진 공기 탓에 조금만 걸음을 재촉해도 이내 숨이 가빠진다. 이곳에 도착함과 동시에 온갖 고산증세를 몸소 체험 중인 여행자에게는 조금 더 가혹한 호흡일 테다.

학교

낯선 골목을 이리저리 헤매다 정신을 차려보니
어느 학교 안에 덩그러니 놓였다.
이상하리만치 고요한 공기에,
삐거덕거리는 교실 복도를 살금살금 밟아 들어간다.

수업중

수업이 한창인 탓에 살짝 열린 교실 문틈 사이로
시선을 건네는 것조차도, 긴장감이 필요할 만큼 진지했다.
머릿속에 남아있는 유년의 모습이라곤
어디로 튈지 모르는 장난기 가득한 개구쟁이뿐이어서인지,
숨죽인 듯 칠판과 선생님의 말씀 한마디에
집중하는 그들의 모습이 낯설게 느껴졌다.
이젠 그 시절이 희미해져
저맘때의 내게도 나름의 진지함이
묻어났을 거란 짐작만 해낼 뿐이다.
어른이라고 마냥 진지할 수 없듯,
유년도 항상 장난스럽진 않으니까.

쉬는 시간

쉬는 시간을 알리는 종소리와 함께
아이들이 교실 문을 박차고 복도로 쏟아져 나오기 시작했다.
낯선 여행자를 발견한 녀석들은
온갖 익살스러운 표정과 동작들로 저마다의 환영인사를 건넸다.
그중 한 녀석이 내게 보여줄 게 있는지
잠시만 기다리라는 시늉을 하더니 냅다 교실 안으로 들어갔다.
궁금해진 난 걸음을 멈췄고,
잠시 후 소년은 교실 문밖으로 다시 튀어나왔다.

머리 위로 번쩍 들어 올려진 녀석의 두 손엔 도화지 한 장이 들려있었고,
종이 위로 귀여운 돼지 한 마리가 뒤뚱거리고 있었다.
그 순간 웃음이 터져 나왔고
애써 그 웃음을 거두려 하지 않았다.

말은 통하지 않지만, 서로에게 비친 호기심,
소통은 그것으로 충분했다.

45번 버스

해가 저물어 어둑어둑해진 저녁 6시.

조용하던 버스 안이 갑자기 분주해지는 걸 보니 터미널이 가까워져 오는 듯했다. 우유니를 떠난 버스에 몸을 실어 이곳 부에노스아이레스에 도착하기까지 대체 얼마만큼의 시간이 지난 걸까. 찬찬히 시간을 세다 보니 터미널 플랫폼에 버스가 멈춰섰고, 42시간이 걸려서야 목적지에 발을 내디딜 수 있었다.

숙소 주소만 달랑 적힌 메모지 한 장을 손에 움켜쥔 채 터미널을 빠져나오자마자 숙소까지 뭘 타고 가야 할지 고민에 빠졌다. 장시간 이동에 지칠 대로 지쳐버려 내 몸조차 짐짝이 돼버린 탓에 눈앞에 선 택시에 자꾸만 눈길이 갔다. 주머니 사정에 조금 부담은 되더라도 이번만큼은 택시를 잡아타도 괜찮을 거라 자신을 설득해보지만, 여행 초반부터 너무 느슨해지는 것 같단 생각에 쉽게 가도 될 일을 굳이 어렵게 가기로 했다. 눈앞의 택시를 지나쳐 버스정류장으로 발걸음을 옮겼다.

패기 넘치게 버스를 택했지만, 정류장 주변을 아무리 살펴봐도 어떤 버스를 타야 할지 도무지 감을 잡을 수 없었다. 정류장 앞에 정차하는 버스마다 붙잡고서 주소가 적힌 메모지를 들이대며 묻는 것 말곤 방법이 없어 보였다. 별다른 소득 없이 몇 대의 버스를 보낸 뒤 올라탄 45번 버스. 내가 내민 메모지를 본체만체하던 버스 기사는 알겠다는 뉘앙스로 비어있던 맨 앞 좌석에 서둘러 날 앉혔고, 내 뒤로 올라탄 손님들을 마저 태우자마자 망설임 없이 버스를 출발시켰다.

운전석 옆에 찰싹 달라붙어 어눌한 스페인어와 영어를 막무가내식으로 섞어가며 버스 기사와 질의응답을 시작했다. 이런저런 얘기를 주고받은 뒤에야 적어도 엉뚱한 버스에 올라탄 건 아니라는 걸, 눈치껏 확인할 수 있었다. 긴장이 조금 풀리자 그제야 버스 요금을 아직 내지 않았다는 사실이 떠올랐고 다시 한 번 마음이 조급해지기 시작했다. 주머니에 있던 페소 몇 장을 만지작거리며 돈을 넣을 마땅한 곳을 살폈지만, 교통카드로만 결제할 수 있는 시스템이라 그마저도 여의치 않았다. 한 손에

5페소를 쥐고서 어떻게 해야 할지 몰라 안절부절못하는 사이 내려야 할 정류장에 이미 도착해버린 버스. 버스 기사는 개의치 않고 여기서 내린 뒤 어떻게 숙소까지 가야 하는지 손짓까지 해가며 친절한 설명만 이어갈 뿐이었다. 고마운 마음과 다급함이 뒤섞여 손에 쥐고 있던 5페소를 운전석 안으로 냉큼 찔러 넣어 건넸지만, 한사코 거절하는 바람에 갚지 못할 감사함만 빚진 채 버스에서 내릴 수밖에 없었다.

한 발짝 앞서나가던 45번 버스가 신호에 걸려 멈춰 서자 선뜻 혼자 나아가기가 망설여졌고 덩달아 내 발걸음도 함께 묶였다. 신호가 바뀌어 속도를 내기 시작하는 버스 창 너머로 내가 걸어가야 할 길을 다시 한 번 손짓으로 확인시켜주며 핸들을 돌리는 버스 기사. 길모퉁이로 사라져가는 버스 뒤에 남겨진 부에노스아이레스의 밤거리는 유난히 반짝였고 도시의 이름처럼 좋은 공기(부에노스아이레스)로 가득했다.

Welcome to Mexico city

버겁던 하루를 꿀잠으로 게워내고 가볍게 맞이한 멕시코시티에서의 둘째 날, 사람들로 북적이고 에너지 넘치는 곳이 그리워져 유명하다는 공원을 찾아가기로 했다. 서울의 여의도공원쯤 되는 멕시코시티의 차뿔떼빽공원에 도착했더니, 아니나 다를까 광대 아저씨가 사람들을 모아놓고 진행하고 있는 쇼 때문에 공원 광장이 들썩들썩했다. 광장을 빙 둘러싸고 있는 관객 중 몇 명을 뽑아 무대 중앙에서 이런저런 게임을 하는데 꽤 흥미로웠다. 컵 아이스크림 하나를 손에 쥐고서 맨 뒷줄 어딘가쯤 자리 잡고 섰다. 아이스크림을 맛있게 먹으며 지켜보고 있는데, 어느 순간 광대가 멈칫하더니 관객들을 훑기 시작했다. 무언갈 찾는 눈치였고, 그의 시선이 내 쪽을 스쳐 지나갈 때쯤 맨 뒷줄에 멀뚱멀뚱 서서 지켜보던 나와 이내 눈이 마주쳤다.

"코레아노(Coreano)? 컴온."

갑작스러운 광대의 지목에 설마 내게 하는 말인가 싶어 언뜻 주변을 둘러보니, 외국인으로 보이는 사람은 나뿐인 데다 한국인(코레아노)이라니, 더는 의심의 여지가 없었다. 그렇게 광대의 한마디에 허둥지둥 무대 중앙으로 빨려 들어갔다.

일단 무대 중앙으로 불려오긴 했는데, 뭘 하려고 보니 의사소통이 되질 않아 광대가 급하게 관객 중에서 영어 할 수 있는 사람을 물색하기 시작했고, 맨 앞줄에 서있던 사내가 망설임 없이 도와주겠다며 나섰다. 광대의 열정적인 설명과 사내의 도움으로 얼떨결에 내가 중심에 선 게임 쇼가 시작됐고, 커플 게임으로 시작된 쇼는 콩트 상황극으로 분위기를 이어가 마지막 댄스 타임에서 강남 스타일로 화려하게 마무리가 됐다. 이날 쇼에 참여했던 관객들을 무대 중앙에 모두 불러 모은 광대는 오늘의 우승자를 뽑겠다며 한 명씩 짚어가며 관객들의 호응을 유도했고, 광대 아저씨의 편애를 등에 업은 외국인 프리미엄 덕분인지 열렬한 관객의 호응 속에 내가 우승을 거머쥐었다. 광대의 마지막 인사를 끝으로 북적이던 군중이 흩어지는가 싶더니 관객 중 일부가 어느새 내 주변을 둘러싸기 시작했고, 같이 사진 찍자며 너도나도 폰을 들고 내 옆에 줄을 섰다. 이제까지 겪어보지 못한 요구와 역할에 얼떨떨해져 제자리에 꼼짝없이 서서 포토타임을 가져야 했다. 10분 남짓의 시간이 지나고서야 덩그러니 혼자 남겨질 수 있었고, 그제야 조금은 붕 떠버린 기분을 가라앉힐 여유가 생겨났다. 발길을 돌려 광장을 벗어나려던 그때, 먼발치에서 누군가 내 쪽으로 걸어오기 시작했다. 쇼에서 통역을 도와줬던 사내였다. 성큼성큼 다가온 그가 악수를 하며 내게 던진 한마디에 순간 뭉클해졌다.

"웰컴 투 멕시코시티."

도시의 환영인사를 온몸으로 맞이한 이 날, 단순히 여행자가 아닌 그들의 일상 속에 함께 품어진 손님이 된 것만 같아 몹시 고마워졌다.

진심을 담아, "Muchas Gracias."

스산한 찬 기운으로 서늘 퍼런 새벽녘,

우유니 소금사막과 아르헨티나 국경 그사이 어디쯤. 덜컹거리는 버스와 한 몸이 되어 자는 둥 마는 둥 겨우 눈만 껌뻑이며 시간만 죽여가던 와중에 갑자기 코를 찌르는 흙먼지 냄새와 찬바람이 내 몸을 거침없이 휘감기 시작했다. 당장에 풀썩 내려앉아도 전혀 이상할 게 없을 정도로 낡아빠진 고속버스가 비포장 흙먼지도 로를 질주하기 시작한 거다. 아귀조차 맞지 않아 빈틈이 수두룩한 창문 너머로 보이는 거라곤 흙먼지가 만들어낸 모래폭풍뿐이었고, 창문의 빈틈으로 스며들어온 모래폭풍 탓에 숨을 들이쉴 때마다 흙먼지가 선사하는 텁텁한 맛을 피해 갈 수 없었다. 빈틈을 조금이라도 줄여보려 더 닫히지도 않는 창문을 부질없이 밀고 있던 그때. 내 어깨 옆선에 나란히 놓여있던 뒷좌석 창문이 느닷없이 한 뼘만큼 내 어깨너머로 전진해왔다. 창문의 빈틈을 손으로 막아도 모자랄 판에 뒷좌석의 누군가 창문을 시원스레 열어버린 거다. 도무지 이해할 수 없는 뒷좌석 누군가의 행동에 살짝 울화가 치밀었지만 대수롭지 않은 척 뒤 창문을 되밀어 다시 어깨 옆선에 위치시켰다. 버스는 도로 사정에 아랑곳하지 않고 속도를 더욱 높여 갔고 뒷좌석의 창문은 머잖아 또다시 열렸다. 정말 너무한다 싶은 생각에 한마디 해야겠다 싶어 표정을 한껏 가다듬고서 몸을 일으켜 세웠다. 호기롭게 뒤돌아섰지만 뒷좌석은 보기 좋게 텅 비어있었고 가다듬은 내 표정은 갈 곳을 잃어 순간 머쓱해지고 말았다. 뒤돌아선 김에 버스 안을 쭉 훑어봤더니 같은 사정에 놓인 빈 좌석 몇 군데가 눈에 들어왔다. 고정조차 되지 않고 겨우 놓여 있던 고장 난 창문들이 덜컹거리는 버스의 질주 탓에 창문 스스로 열린다는 사실을 그제야 깨달았다.

가려진 건

우산도 없고, 우비도 없다. 마땅히 몸을 숨길 구석이 보이지 않는 산 중턱에서 갑작스레 쏟아지는 굵직한 소나기에 그저 속수무책이다. 손에 쥔 카메라를 급한 대로 바람막이 점퍼 안에 겨우 감추고서 점퍼 뒷목에 달린 모자를 덮어쓴 채 공중정원 입구에 들어선다.

이쯤이면 무언가 있어야 할, 무언가 있음 직한 지점에 이르렀지만 얕게 흩어진 안개 틈 사이로 드문드문 비치는 무언가의 존재만 겨우 감지될 뿐, 짙은 안개비 속에 가려진 공중정원은 쉽사리 그 민낯을 드러내 보이지 않는다. 보일 듯 말 듯 희뿌연 안개의 야릇한 시야가 자아내는 신비로운 기운에 마치 오랜 시간 숨겨져 있던 금단의 땅에 발을 들인 발견자라도 된 것 같은 기분에 휩싸이기 시작한다.

그칠 줄 모르는 소낙비와 걷힐 기미가 보이지 않는 묵직한 안개 탓에 무엇 하나
제대로 보이는 게 없는 시야지만 온몸을 감싸 안는 신비로운 기운으로 살짝 들떠
오른 탓에 지금의 기분이라도 담아낼 욕심에 카메라를 꺼내 들기로 마음먹었다.
제 한 몸조차 바람막이로 겨우 머리만 비를 피하는 처지지만 방수될 리 없는
큼지막한 카메라를 위해 주머니에 뒹굴던 조그만 비닐봉지 하나를 꺼내 들었다.
비닐봉지에 렌즈 지름만 한 구멍을 뚫어 렌즈후드에 가까스로 물려 완성된 인스
턴트 방수케이스는 잠깐 버텨주기에 충분해 보였다.

그새 축축해져 버린 뷰 파인더에 조심스레 시선을 옮겨가자마자 불투명하던 시
야에 변화가 감지되기 시작했다. 렌즈가 마치 안개를 걸러내기라도 한 것처럼 눈
가에 맺힌 상이 또렷해지기 시작한 거다. 벗겨지는 신비로움 속, 그 안에서 차츰
차츰 묻어져 나오기 시작한 것은 경이로움이었다.

밤하늘

끝모르고 깊어져만 가는 이 밤
우유니 소금사막 하늘 아래에서의 나는,
땅과 하늘의 데칼코마니가 펼쳐지는 무한한 공간 속에 품어지고

발아래 땅에 우리가 그어놓은 지도는
밤하늘 속 별빛이 새겨놓은 지도로 새로 쓰여

큼지막해진 북두칠성의 크기만큼이나 내 마음도 커질 수 있을 것만 같아
그 커진 마음 안에 또 다른 것들로 가득 차오를 수 있으리란 믿음이 덜컥 생겨버린다.

'모든 것이 비워진 세상의 중심에 서서
이렇게나 밤하늘을 오래도록 바라본 적.'

색이 입혀지는 도시

아르헨티나 부에노스아이레스의 작은 항구도시 까미니또. 스페인 식민지 시절 만들어진 선로의 흔적이 마을에 그대로 남아있는 이곳에는 온통 원색적인 모습들로 가득한 파사드가 펼쳐진다. 보금자리가 필요하던 가난한 이들이 배를 만들고 남은 철판과 페인트를 이용해 집을 짓기 시작하면서 원색의 콜라주가 도시를 물들이기 시작했다.

쉽게 그려지는 도시가 있다.

실수로 흘린 딸기 세이크의 얼룩조차
반쯤 뜯겨나간 창문틀조차
도시의 색깔로 스며드는
질 좋은 도화지 같다.

색을 입히지 않고
색이 입혀지는 도시,

'까미니또'.

강렬한 원색의 향기가 콧깃을 스치는 부둣가 까미니또는
탱고의 발상지로도 잘 알려져 있다.

마을 곳곳에 짙게 배어있는 흥겨움은
당장 이곳에 무엇이든 쏟아내라 재촉한다.
누군가에게 그것이 열정이라면,
반도네온이 흘려놓은 리듬에 그저 몸을 맡길 뿐이다.

어울리는 사람들이 있어야 할 그곳에서
춤과 음악만으로 누구나 어울려지는 마법의 주문,

Let's Tango!

CAMINITO
TANGO
de: Juan de Dios Filiberto y Gabino Coria Peñaloza.
La R   TANGO
AIRE ACONDICIONADO
RESTAURANTE
HOY
FILET DE MERLUZA CON ENSALADA'S O PAPAS FRITAS $80
CAFE
Villavicencio
Villavicencio

비가 오는 날엔

여행 중에 비가 오면 어떡하지.
웃옷을 머리 위로 뒤집어쓰곤 눈앞에 보이는 건물 처마 밑으로 내달려야지.
잠깐이면 그칠 비라서, 잠깐만 멈춰 서는 거야.

종일 비가 쏟아지는 날에
하루일정쯤은 숙소탐방이어도 괜찮아.
침대 머리맡 창문을 슬쩍 열어둬.
틈 사이로 튕겨 들어오는 빗방울이 베갯잇을 적셔도 괜찮을 만큼만.

밖에서든 안에서든, 여행길에선 우산 없이 비를 피해 가는 거야.

후두둑 떨어지던 빗소리가 잦아들다 멈춘 뒤면
비가 적셔놓은 길 위엔 축축한 상쾌함이 몽글거려.

누군가 채 접어두지 못하고 널어놓은 우산과
빗방울을 머금느라 살짝 고개 숙인 해바라기의 얼굴을 뒤로하고서
아직 채 마르지 않은 옷가지를 툭툭 털어내며 다시 길을 재촉하는 거야.

낯선 여행지에서 만난 낯선 동행자들.

처음엔 저마다 다른 이유로 이곳을 찾은 우리였지만
숨 막히는 풍경 앞에서 벅차오르는 순간을 함께하던 그 순간,
어쩌면 우리는 서로를 만나기 위해
이곳으로 향한 걸지도 모른다는 생각이 스쳤다.

발등을 겨우 적셔줄 정도의 찰랑거림을 디딘 채

소금사막의 수평선이자 지평선의 턱 끝을 향해 뛰어올랐고

서로를 경계하던 마음이 흐릿해지고 하나가 되는 순간,

진짜 동행이 시작되었다.

스쳐 감

4인 도미토리, 6인 도미토리, 8인 도미토리.
하나의 방 안에 놓인 여러 개의 침대.
어디서 왔는지, 얼마나 머무르다 어디로 갈 것인지.
매일같이 침대의 주인이 바뀌는 정거장 같은 공간.

며칠이나 함께 머물렀던 여행자지만,
서로의 여행 리듬이 달라
작별을 전할 여유를 갖는 것조차 녹록지 않기에,
아침에 눈을 떠 둘러본 옆 침대가
텅 비어져 말끔히 정돈되어있더라도
서운해하거나 아쉬워할 필욘 없다.

나 또한 다른 이들이 곤히 잠든 새벽,
조심스레 가방을 들춰 메고 방문을 나서야 하기에.

꿈을꾸물

꾸물꾸물 사는 것 같다는 생각이 스치길래
꿈을 꾸며 살고 있어서 그런 건 아닐까, 라고 내게 되물었다.

꿈을 꾼다는 건 어쩌면 집착인지도 모른다.
그게 뭐라고 아직 붙들고 있냐며, 한심스럽다는 듯 쳐다보는
따가운 눈총에도 꿋꿋한 척 견뎌보지만, 여전히 막연해 보이고
현실과는 더 멀어져가는 듯한 아득함에 눈물이 핑 돌기도 한다.
그런데도 마음에서 쉽게 놓지 못하는 건 뭐람.

이렇게까지 집착하는 데엔 분명 스스로 믿는 구석이 있는 걸 테다.
내가 뭘 움켜쥐고 있는진 몰라도,
전혀 밑도 끝도 없는 집착은 아니기에 여기까지 온 거다.
그 꿈에 여전히 두근두근 거리는 것만은 사실이니까.
그 설렘만은 진실이니까.
그러니 조금만 더 믿고 꾸물꾸물 가보기로 하는 거다.

나만 아는 지도

지도를 잘 들추지 않는다.
대충의 동서남북 느낌만 잃지 않은 채
발길이 닿는 순간에 내키는 길을 골라 걸어간다.

그러다 보면 나만 찾아갈 수 있는 미로를 만들어가는 느낌이다.
별다른 이유나 목적은 없다.
그리로 가면 '무언가' 발견할 수 있을지도 모른다는
두근거림과 설렘이 있을 뿐이다.

길모퉁이 뒤가 가려져
끝을 알 수 없는 골목길이 유난히 끌리는 건 그래서다.

막연하게 '아, 저런 거 해보면 좋겠다. 하면 재밌겠는데?'
이런 생각이 하루에도 수십 번이고 머릿속을 맴돌다 사라져버리곤 한다.
참 아이러니하게도, 막연하게 바랐던 일들을 할 기회가
막상 주어지면 망설이게 되는 건 왜일까.
모든 일에 타이밍이라는 게 있다면 간절함에도 역시 유효기간이 있다.
이 핑계 저 핑계 대며 바라만 보다간 훅하고 지나가 버리는 거다.
하고 싶은 것을 내가 제일 잘해낼 수 있는 순간은,
그 마음이 가장 가까이 놓여있는 바로 지금이다.

여행길 위에선 수많은 가능성이 즐비하다.
뭔가 해볼 기회가 많이 생긴다.
가슴이 뛰는 일이 있다면,
가슴만 뛰게 하지 말고 몸을 일으켜 같이 뛰어나갔으면 한다.
그것이 사랑일 수도,
새로운 것에 대한 호기심이자 오래도록 그려왔던 이상향일 수도 있다.

철이 없던, 의심이 없던, 그래서 겁이 없던,
마음 놓고 무모해질 수 있던 그때가 문득 그리워진다면
일상에서 늘 발목을 잡던 머뭇거림을 과감하게 놓아두고
골치 아팠던 일들이 그저 놀라운 일이 되곤 하는
여행길 위에 서 보는 건 어떨까.

창문을 열어놓고

OPEN THE WINDOW

닫혀 있는 창문을 열어보자.

열린 창으로 새파란 하늘이 드리울 것이다.

한껏 달아오른 답답함에
당장에라도 터져버릴 듯 조마조마하다면,

이유를 찾으려 애쓰기보단
굳게 닫힌 창문을 열어젖혀 마음 놓고 창밖에 터트린다.

바람에 얹혀져 창문 너머로 타고 들어오는
코끝을 스미는 싱그러움과 그 너머로 보이는 것들.

잠시만 그것들에 시간을 내어준다.

때론 그저 멍하니 하늘만 바라보는 거다.

마지막으로 넋 놓고 하늘을 올려다본 게 언제였는지 까마득하다면
이렇게라도 하늘을 한 번 올려다보는 거다.

누군가 그러더라.
자기는 사진을 볼 때 촬영자가 카메라를 들이대며
느꼈을 희열, 그것을 떠올리며 본다고.

찬찬히 살피다 보면 사진에서 내 모습이 보이기도 한단다.
사진을 찍던 당시의 내 모습이.
내가 원하는 무언가를 기다리는 사진 너머의 모습,
거기에 묻어있는 진정성에 살짝 뭉클해진다고.

고마웠다.
이젠 별다른 감흥조차 느껴지지 않던 사진들이었는데.
덕분에 사진들을 담아내던 순간의,
그때의 감정이 다시금 되살아나는 것만 같았다.

필름이 아닌 디지털이라고 해서
아무렇게나 셔터를 막 누르지는 않는다.
눈길을 끌어 멈춰 서게 하는,.
무언가 벌어질 것만 같은 묘한 기대감에 사로잡히는 순간,
뷰파인더 프레임 안의 공간만 유효해지는 그 순간,
조심스럽게 셔터를 누른다.

조금은 개인적일지 모를,
그래서 쉽게 가닿지 않을지도 모를 순간의 기록들이지만

한 컷을 위해 충분히 기다린 시간만큼이나
시선이 오래 머무르게 되는 사진이었으면,
그랬으면 좋겠다.

위로

바쁘지 않겠다며 쉬엄쉬엄 지내온 날들이 쌓여가는 풍경은 별거 없다. 숙소 거실 책장 한가득 꽂혀있는 만화책을 뒤적여보기도 하고, 소파로 삼삼오오 모여드는 친구들과 수다를 떨다 이내 허기가 지면 다 같이 주방으로 달려간다. 불판 위에 소고기를 올려놓고 잔 여러 개를 꺼내 와인을 따르고 나면 그렇게 꼬박 하루가 채워진다. 아르헨티나의 터무니없이 저렴한 와인과 소고기 가격에 별것 아닌 호사를 누린단 생각이 들어 마음마저 취해버린다. 하지만 힘들게 떠나온 여행에서 너무 마음 놓고 여유만 찾고 있는 건 아닌지, 여유에 취해버린 나머지 보고 싶은 것도, 하고 싶은 것도 마음에서 놔버린 건 아닌지 덜컥 불안해진다.

그맘때쯤 나보다 조금 일찍 여행을 떠나온, 나보다 더 젊고 힘찬 기운을 가진 여행자와 대면했다. 여행자에겐, 특히 사진을 좋아하는 여행자라면 어느 정도의 부지런함은 의무라며 그는 하루도 빠지지 않고 200일 넘게 블로그를 통해 여행기록을 꼼꼼히 정리하며 잠재적 여행자들과 소통하고 있었다. 앞서 걸어나가며 길을 밝혀주는 덕분에, 밝혀진 길에서 조금은 수월하게 필요한 걸 찾아 나갈 후배 여행자들을 생각하니 그 존재만으로 빛이 나는 듯했다.

그 모습에 감탄하는 것도 잠시, 내 마음은 괜히 더 조급해졌다. 스스로 생각하기에 제법 많은 걸 포기하고 떠나온 만큼, 여행에 조금이라도 더 많은 의미를 부여해야만 할 것 같단 생각이 밀려들었고 남들과는 조금 다른 것을 만들어야겠다는 막연한 욕심만 가득해져 답답해지는 거다.

부담감만 잔뜩 짊어진 채 부에노스아이레스를 떠나기 위해 터미널로 향하던 길. 먼저 떠나는 날 배웅해주겠다며 함께 한 그는 같이 지낸 며칠간 내 부담감을 어떻게 알아챘는지, 버스에 올라서기 직전 내게 건넨 한마디로 작별인사를 대신했다.

"특별해지려고 애쓰지 마라. 떠나온 순간부터 넌 이미 특별하니까."

말 한마디가 가져다준 위로.
어쩌면 그렇게도 듣고 싶었던,
누군가 제발 그 말 한마디만 해주길 바라왔던 것처럼,
어떤 다른 말보다 따뜻하고 푸근했던 위로.

Chapter 「여유」

지금 이 순간에 머물고 싶다

초상화

인기척 없이 닭과 염소울음소리만 가끔 흐르는 골목. 힘없이 터벅터벅 걷다 좁다란 골목길에 들어선 순간, 살며시 열린 대문에서 느닷없이 꼬마 숙녀 3인방이 튀어나왔다. 미처 손 쓸 새도 없이 이들에게 둘러싸인 난, 아마 이 구역의 골목대장쯤 되리란 짐작만 할 뿐이었다.

대답할 틈도 주지 않은 채 쉼 없이 질문공세를 퍼붓던 녀석들. 그 와중에 날 이리저리 살피더니 내 어깨에 걸린 크로스백 지퍼 사이로 살짝 삐져나온 메모장과 볼펜을 발견했다. 메모장을 쏙 꺼내 스르륵 훑어보더니 군데군데 휘갈겨놓은 스케치 몇 장을 가리키고선 대뜸 내게 건넨 말,

"우리도 여기에 그려줘."

얼른 내 손에 메모장과 펜을 쥐여주며 한 발짝 뒤로 물러서더니 나름 그럴듯한 포즈를 취하고 섰다. 너무나 당당한 꼬마 숙녀의 태도에 서툰 내 그림 실력은 생각도 하지 않은 채, 순간 '그려줘야겠다'는 알 수 없는 의무감에 휩싸여 나도 모르게 자세를 잡기 시작했다. 자신 있는 포즈를 취하며 기대에 찬 눈빛으로 날 바라보고 있는 눈앞 슈퍼모델의 진지함에, 나 또한 기대에 부끄럽지 않을 작가이고 싶었던 건지도 모른다. 펜을 쥐고 종이 위에 선을 하나, 둘 그어가기 시작하자 그제야 아차! 싶었고, 괜스레 미안해지는 마음에 눈치를 보기 시작했다.

수습해보려 선을 덧댈수록 상황만 악화하는 와중에 다음 차례를 기다리던 두 명의 꼬마 숙녀들은 내 양옆에 서서 슬쩍슬쩍 그림을 훔쳐보더니, 내 조급해져 가는 마음을 아는지 모르는지 그저 터져 나오는 웃음을 서로 주고받는 데 열중할 뿐이었다. 이왕 이렇게 된 거, 나도 내 그림에 당당해지기로 한다.

서로 조금은 뻔뻔했지만, 그랬기에 겨우 완성될 수 있었던 세 장의 초상화. 각자의 손에 쥔 세 장의 그림과 서로의 얼굴을 번갈아 쳐다볼 때마다 쉴 새 없이 터져 나오는 웃음에 노을져 내려앉은 빛이 따스하게 골목을 채워 나가고 있었다.

메모장 위에 그려진 초상화는 이보다 더 장난스러울 순 없겠지만, 적어도 꼬마 숙녀 3인방과 나에겐 이 순간만큼은 한 명의 아티스트와 세 명의 모델로 당당했기에, 그리고 그 순간을 함께 즐길 수 있었기에 그걸로 충분하다.

뜻밖의 즐거움

'오늘 같이 다니실래요?'

유난히 그러고 싶은 날이 아니고서야 웬만하면 혼자 다니는 걸 좋아하는 나로선, 숙소를 나설 때 누군가 건네는 이 한마디는 무척이나 곤혹스럽다. 서로의 대책 없이 여유로운 일정을 잘 알고 있는 경우엔 딱히 뭐라고 둘러댈 변명거리조차 마땅치 않기에 불편한 마음을 애써 숨기며 '그래요.'라는 말로 되받을 수밖에 없다. 조그만 미니맵을 펼쳐 이쯤이면 되겠거니 손가락으로 툭툭 종이를 퉁기며 숙소를 나서는 발걸음이 순간 무거워지는 걸 느낀다. 그렇게 나보다 몇 살 어린 사내 녀석과 함께 길을 나선 터키에서의 어느 날이다.

돌무쉬를 잡아타고 함께 향한 곳은 터키에서 고대 그리스 유적이 가장 잘 보존돼 있다고 알려진 에페소스. 동행을 의식해서인지 괜스레 걸음이 빨라졌고 금세 한 바퀴를 다 돌아 유적지 초입으로 되돌아왔다. 난 출구로 곧장 향하지 않고 켈수스 도서관의 파사드 앞에 걸음을 멈춰 세웠다. 덩달아 녀석의 발걸음도 함께 멈춰 섰다. 유적지에 들어서자마자 한참을 둘러봤던 도서관 입구 벽면에 무슨 볼일 이 또 있어 걸음을 멈춰 세웠으려나 싶겠지만, 켈수스 도서관을 누군가 멋스럽게 스케치해놓았던 그림을 언젠가 봤던 기억이 떠올랐고, 순간 스케치가 몹시 하고 싶어졌기에 쉽사리 그 자릴 떠날 수 없었다.

십여 분 남짓한 시간을 스케치 때문에 기다려달라고 말을 꺼내는 것은 생각만큼 쉽지 않았다. 그것도 어림잡아 십여 분일 뿐, 마음 편하게 펜을 쥐고 그려나가기 엔 그런 내 모습을 멀뚱히 바라만 보고 있을 녀석에게 너무 염치없는 요구가 될 터였기 때문이다. 눈치만 살피던 그때 마침 도서관 앞 광장으로 트럭 한 대가 들어섰고, 짐칸에서 웬 행사 장비들을 잔뜩 내려놓기 시작했다. 새로울 것 하나 없 던 적막한 공간에 뭔가 벌어질 것 같은 호기심이 채워지기 시작한 거다. 이때를 놓치지 않고 녀석에게 물었다.

"뭘 하려는 건지 궁금한데 잠시 앉아서 지켜보는 건 어때요?"
"그래요."

숙소를 나설 때 내가 그랬듯 무심한 투로 그 녀석이 되받아쳤다.

도서관 맞은편 계단에 나란히 걸터앉은 우리는 행사 장비로 분주해진 광장에 잠깐 눈길을 주는척하다 각자 짊어지고 온 배낭을 뒤적이기 시작했다. 누가 먼저랄 것도 없이 동시에 가방에서 주섬주섬 꺼내 든 건 놀랍게도 스케치북과 볼펜이었다. '어라?'. 동시에 꺼내든 같은 물건에 서로 어리둥절해져서는 잠깐 멈칫하다가 이내 피식하고 웃음을 뱉어냈다. 날 더욱 놀라게 한 건 녀석이 물리학을 전공하고 있다는 사실이었다. 녀석은 유럽 여행하는 동안 틈틈이 그린 거라며 스케치북을 한 장 한 장 넘겨 내게 보여줬고, 거기엔 건축학도인 내 스케치북이 민망해질 만큼 멋진 건축 스케치들로 가득했다.

조금은 불편했고 아무런 기대조차 않았던 누군가에게서 새로운 면을 발견하는 뜻밖의 즐거움에 지독하리만큼 혼자이길 바랐던 내 고집이 그만 부끄러워졌다.

'취미'라는 빈칸

독일 베를린 중심가에 위치한 광장 앞에는 20m가 넘는 커다란 문 하나가 있다. 이런 건축물을 대할 때면 본능적으로 정중앙 자리를 찾아 움직이게 된다. 좌우대칭이 잘 맞아떨어지는 문의 중심축에 서서 바라보고 싶어서다. 브란덴부르크 문을 바라보기 적당한 곳엔 이미 많은 사람이 한 자리씩 차지하고 선 까닭에 발 디딜 틈이 없다. 그들 틈바구니를 간신히 비집고 들어가 나름 괜찮아 보이는 자리를 잡고 선다. 건물을 정중앙에 위치시킨, 다소 뻔해 보이는 사진 한 장을 건져내기 위해 모두 너나 할 거 없이 아등바등 카메라 셔터를 눌러댄다. 이 와중에 발밑 언저리까지 바짝 엎드린 채 특수장치가 달린 카메라를 세팅 중인 외국인이 내 눈길을 사로 잡았다. 비스듬히 경사진 레일 위에 고정된 카메라가 레일 위를 오르내리며 시차로 촬영하는 그 모습은 언뜻 봐도 보통 내공이 아닌, 전문가 느낌이 물씬 풍긴다.

호기심이 일어 덩달아 바닥에 바짝 웅크리고 앉아 옆에서 한참을 지켜봤더니 촬영하던 아저씨가 그제야 날 의식했는지 힐끔 쳐다보며 반갑게 아는 체를 해준다. 이때다 싶어 지금 막 궁금해진 것들을 확인해보려 몇 가지 질문을 던진다. 사진작가가 직업이냐는, 다소 상투적이고 뻔해 보이는 질문으로 시작한 대화는 전혀 예상치 못한 아저씨의 대답으로 이어진다.

30대 후반쯤 되어 보이는 이 아저씨의 정체는 골프강사가 직업인 평범한 독일인이다. 일이 없는 밤에는 클럽에서 DJ를 하기도 하고, 여유가 있을 때는 이렇게 무거운 장비들을 챙겨 들고 사진을 찍으러 다닌다고 한다. 눈앞에 얹혀진 무시무시한 장비들을 다시 한 번 쳐다보며, 그저 사진은 취미생활로 즐긴다는 아저씨의 대답에 순간 머리를 한 대 얻어맞기라도 한 것처럼 뒤통수가 얼얼해진다. 아니, 취미라니. 취미가 이래도 되는 거냐며 되묻고 싶었다.

학창시절 새 학기마다 채워나가야 했던, 자기소개서 비슷한 누런 똥 종이가 있었다. 이것저것 적당한 말들로 위에서부터 차례로 빈칸을 채워나가다 보면 조금은 애

매해지는, 고민하게 되는, 뜸을 들이게 만드는 지점과 늘 맞닥뜨리곤 했다. '취미'라는 빈칸 앞에서 늘 그렇게 머뭇거린 건, 이번만은 조금 뻔하지 않은 대답을 내어놓길 스스로 기대하는 마음이 있었기 때문인지도 모른다. 하지만 기대감을 안은 머뭇거림이 무색해질 만큼 해가 바뀌어도 빈칸을 채운 단어는 달라지는 것 없이 늘 같았다. 어느 순간부터는 머뭇거림조차 사라져버렸고, 이미 정해진 답을 받아 적기라도 하듯 고민 없이 뻔한 단어들로 빈칸을 채워나갔다.

아저씨와의 대화를 천천히 곱씹다 보니 무엇이 취미인지, 취미라는 것에 기준은 있는 것인지, 감히 이걸 취미라고 할 수 있는 것인지, 도무지 손에 잡힐 것 같지 않던 '취미'라는 감각에 찌릿한 자극이 전해져 무언가 꿈틀대는 듯했다.

제 몸 하나 가누기 버거운 여행길에서 무거운 통기타를 굳이 새 식구로 들여 숙소에서, 길 위에서 만난 사람들과 함께 음악을 즐기던, 종일 걸어 다니는 강행군에 한 발만 더 내디뎌도 지끈거리는 통증에 휘청이지만 이에 개의치 않고 마음이 묻어나는 순간을 담아내기 위한 걸음을 멈추지 않던, 찍은 사진을 글과 함께 정리해서 이렇게 당신들과 나누는 수고스러움을 마다치 않는 내게도 어쩌면 취미란 게 있을지 모른다는 생각이 스쳤던 걸까.

언젠가 이런 글을 본 적이 있다.

'목수가 데생과 그림을 배우고 즐기는 것은 화가가 되기 위해서가 아니다.
목수로서 더 행복하게 살기 위해 노력하는 것이다.'

여행자가 통기타를 들쳐메고 사진을 찍으며 글을 쓰는 것이 더 행복한 여행자의 길을 가기 위한 나 나름의 과정이라면, 그렇다면 다행일 것만 같다.

바쁘고 지쳐있는 와중에도 굳이 수고스럽게 노력을 들이고 시간을 내어 할 수 있는 일이 있다면, 어쩌면 취미란 것은 그런 일인지도 모른다.

꼬마 잡화점장

이스탄불 어느 골목길을 지나다 건너편 구석 바닥에 좌판을 깔고서
잡화를 한가득 팔고 있는 꼬마 녀석이 눈에 들어왔다.
장사하기엔 몹시 어려 보이는 탓에 녀석의 움직임이 꽤 흥미로웠다.
카메라에 녀석을 담으려 구도를 잡고 있는데
갑자기 옆에서 또 다른 꼬마가 나타나더니
'5리라!'를 외치며 사진을 못 찍게 렌즈 앞을 가로막기 시작했다.
보아하니 길 건너 꼬마와 함께 잡화를 팔고 있는 녀석인 듯했다.
'에이~ 왜 그러냐'며 적당히 웃어넘길 요량으로
꼬마를 살짝 밀쳐낸 뒤 다시 찍으려 자세를 잡았지만
꼬마가 이번엔 더욱 매섭게 막아서는 탓에 한 발짝 물러설 수밖에 없었다.
이게 뭐라고 이렇게까지 막아서는 건지
너무하다는 생각에 순간 화가 솟구쳐 올랐지만,
꼬마를 상대로 그것도 외국 길거리 한복판에서 뭘 어쩌겠는가 싶어
결국 져주는 체 자리를 피하고 돌아섰다.

숙소까지 돌아가는 길에 아까 일이 자꾸만 떠올라
불쑥 솟는 괘씸함에 되돌아가 한 대 쥐어박고 싶은 마음이 들다가도,
어린 나이에 벌써 그렇게 길거리로 내몰릴 수밖에 없는 상황과
그 속에서 생활하며 커가는, 생존을 위한 적대적이고 날 선 태도를
이해해야 하는 건지도 모르겠다는 생각이 스치자
조금은 이기적이고 배려가 부족했던 내 태도에 얼굴이 붉어졌다.

구세주

선크림 하나 바르지 않고 7월의 지중해 그리스 섬 바닷가에서 1박 2일 동안 웃통을 벗고 신나게 돌아다닌 결과는 참혹했다. 온몸이 벌겋게 달아올랐고 살갖에 닿는 공기조차 화생방무기처럼 느껴졌다.

아테네 숙소로 돌아오는 길에 골목에서 마주한 룸메이트 아르헨 마미로부터 내가 섬 놀러 간다고 자리 비운 전날 밤, 숙소에 한국인 남자 한 명이 체크인했다는 소식을 전해 들었다. 텅 빈 숙소에 들어서자마자 팬티만 남겨둔 채 훌러덩 옷을 벗어던지고는 유리창과 거울에 연신 온몸을 비춰보기 시작했다. 빨갛게 익어버린 내 몸 상태를 눈으로 인지하고서야 큰일 난 건가 싶어 마음이 덜컥 내려앉았다. 오랜 여행길에 그 흔한 물갈이 한 번 한 적 없던, 가벼운 찰과상조차 늘 비켜가던, 여태 병원과는 인연이 없던 몸이었기에 갑작스러운 위기에 머릿속이 복잡해지기 시작했다. 그때 마침 누군가 숙소 문을 열어젖히고 들어섰다. 룸메이트로부터 전해 들은 얘기로 추측건대 새로 체크인했다는 한국 사람인듯했다. 다소 민망한 팬티 차림으로 '안녕하세요.'라며 먼저 반갑게 인사를 건넨 뒤 악수를 청하려는 데, 그가 휘둥그레진 눈으로 통성명도 안 한 나를 무작정 다그치기 시작했다.

"아니 도대체 뭘 했길래 몸이 이런 거예요.
상태가 너무 심한데 이거. 잠시만 있어봐요."

그러더니 본인의 여행 트렁크 가방을 열어젖히고선 한 뭉치의 약 꾸러미를 뒤적이기 시작했고, 온갖 종류의 약봉지 중에서 하나, 둘 골라내더니 차분하게 복용법을 설명하기 시작했다. 일사불란하면서도 물 흐르듯 자연스러운 그의 행동에 마치 병원에 진료받으러 온 듯한 착각을 불러일으킬 정도였다. 내가 너무 벙찐 표정으로 서 있었던 건지, 그가 한참을 설명하다 말고 한마디 덧붙였다.

"아, 걱정 안 해도 돼요. 나 가정의학과 의사예요."

'전신 1도 화상'이라는 진단을 받은 난, 건네받은 약봉지와 그가 알려준 연고를
약국에서 공수한 뒤 종일 숙소에 누워 얼린 1.5L 페트병 네 개로 얼음찜질을 하
며 요양을 해야만 했다. 벼락같이 나타난 그의 진료 덕분에 별 탈 없이 이틀 만에
다음 여행지로 이동할 만큼의 몸을 추스를 수 있었다.

난 종교가 없다. 신이란 건 필요할 때 가끔 혹시나 싶은 마음에 기도란 걸 해보는
정도다. 그런 내게 그리스 아테네 신께서 구세주를 내려주신 그 날 밤, 어쩌면 신
이란 건 존재할지도 모른다는 생각이 스쳤다.

얽매이지 않아서

'대략 두 시간.'
미술관을 방문해 딱히 의식하지 않고 여유롭게 둘러보면 마치 타이머라도 재 놓은 것처럼 늘 그 정도의 시간이 흘러간다. 그래서 미술관을 가야 할 때면 극장 가서 영화 한 편 보듯 늘 두 시간을 염두해 둔다.

네덜란드 화가 렘브란트의 〈야간 순찰〉을 소장하고 있는 암스테르담 국립미술관을 들리기 위해 폐장시간을 확인한 뒤 오후 느지막하게 숙소를 나섰다. 길과 운하가 거미줄처럼 엮여있는 암스테르담을 걷다 보니 조금 더 맴돌고 싶은 욕심에 국립미술관으로 향하는 발걸음이 자꾸만 늦춰졌다. 미술관 마감까지 대략 두 시간을 남겨두고 도착한 국립미술관의 매표소 앞. 표를 끊으려 지갑을 들추고 있는 내게 직원이 먼저 한마디를 건넸다.

"미술관 마감까지 1시간 정도밖에 안 남았는데 괜찮으시겠어요?"

런던에서 암스테르담으로 넘어온 지 3일차. 두 도시 간에는 한 시간의 시차가 발생한다. 런던에서 일련의 사건으로 정신없이 넘어오느라 미처 시차를 신경 쓰지 못한 탓에 암스테르담에 머물던 3일 동안 한 시간 느린 일상을 보내고 있었던 거다.

손목시계의 뒤처진 시간을 그제야 제자리로 돌려놓고는 티켓 한 장을 구매했다. 관람에 주어진 한 시간이 못내 아쉬울 법도 하지만, 차라리 렘브란트의 〈야간 순찰〉 한 작품만 실컷 감상하고 돌아설 수 있을 것 같아 되려 홀가분하다. 조금 빠르건 느리건, 그 조금이 1시간이 될지라도 '그러려니…' 하고 넘어갈 수 있는 마음의 여유에 물들 수 있는 건 얽매이지 않을 수 있는 여행길이라서일 거다.

지금 이 순간에 머물고 싶다

낯선 곳은 이방인에게 그리 관대하지 못해서 여행자인 나를 쉴 틈 없이 몰아붙인
다. 익숙지 않은 길이 숙소를 찾아가는 일조차 모험으로 만들어버리는 까닭이다.
낯선 땅의 텃세에 쉽사리 지쳐버릴까 싶다가도, 새롭게 마주하는 것들에 불나방
처럼 달려들며 그렇게 또 자신을 몰아붙이고 있다. 여행자라면 짊어지고 가야만
하는, 어쩌면 벗어날 수 없는 굴레와 같을지도 모른다. 하지만 견고한 굴레도 계
속 굴러가다 보면 닳고 닳아 조그마한 틈이 생기곤 한다. 그리고 잠깐의 틈 속에
바쁜 마음을 슬쩍 내려놓을 때 자연스레 스며드는 것이 있다.

발걸음을 붙드는 건

강을 끼고 있는 도시를 들릴 때면 하루는 꼭 비워두곤 한다.
애써 비워두는 시간이기에 특별함을 찾아다니는 수고스러움을 고집하진 않는다.
비워둠을 무엇으로 채울 것인지 또한 그다지 중요치 않다.
흘러가는 강 물결에 발맞춰 걷는 것에만 집중할 뿐이다.

그렇게 걷다 보면 문득문득 비치는 강렬한 풍경이 아닌,
귓속으로 나긋하게 울려 퍼지는 누군가의 음악에 발걸음이 멈추곤 한다.

아름다움

마음 한구석을 툭 건드리는 순간과 마주할 때면
자연스레 카메라 뷰 파인더에 눈을 가져가게 된다.
햇살을 맞으며 연주하는 뮤지션의 흥겨움과
발걸음을 붙잡는, 아름다운 기타 선율까지 담아갈 수 없다는 걸 알면서도
이 순간, 이 시간의 흔적을 조금이라도 더 가져갈 수 있을까 싶어
장면 속 주인공들을 향해 카메라 셔터를 누른다.

한 장면의 주인공과도 같은 이들은 되려 관심을 바라지 않는다.
그저 존재해야 할, 존재하는 곳에 머무를 뿐이다.
아름다운 것들은 관심을 바라지 않으니까.

가끔은 일부러 사진을 찍지 않고
그 순간을 내버려 둘 때가 있다.
그래야만 온전히 느낄 수 있는 그 무언가가 있다.

그 주인공들을 사진으로 담지 않고 내버려 둘 때,
카메라를 잠시 내려놓고 옆 돌계단에 비켜 앉아
그들이 존재하는 순간에 함께 머무를 때,
온전히 느낄 수 있는 무언가가 있다.
사진보다 더 선명하게 가슴 깊숙이 자국을 남기는 아름다움이 있다.

그런데도 끌어가야 할

평소에 끌려가는 데 익숙하더라도 때론 직접 끌어가기도 한다.
무엇에 끌려가고 어떤 것을 직접 끌어갈지는 문제 되지 않는다.
다만, 하염없이 끌려갈 수밖에 없다 하더라도
기어코 직접 '끌어가야만' 하는 지점이 있다.

낯선 길 위에선 매 순간이 선택이며, 결과에 대한 책임 또한 온전히 내 몫이다.
막막한 상황에 쩔쩔매며 발만 동동 굴러봤자 누가 대신 해결해주지 않는다는 걸,
한 번, 두 번 그렇게 몇 번이나 실컷 혼쭐이 나고서야
당연한 사실을 받아들이게 된다.
이러나저러나 결국엔 내가 책임질 일이라면,
그러기로 했다면 머잖아 선택에 머뭇거림은 사라진다.
주변 사람들이 향하는 곳과 방향이 달라도, 개의치 않는다.
그래서인지 점점 단호해지고 과감해진다.

내가 걸어가는 길이기에 조금은 고집을 부려보기도 하고,
덕분에 괜스레 더 힘이 들고 수고스러움을 온몸으로 품어야 하지만
지나고 보면 찰나 같던 시간, 그 시간 뒤에 놓인 건 빛날 순간들이었다.

지나온 여행길 곳곳이 아련하고 애틋한 건,
아직 가야 할 길이 왠지 모를 두근거림에 맞닿아 있는 건,
어디에 놓이든 '나 자신'만큼은 기어코 내가 '끌어갈' 거란 걸,
그럴 수 있다는 걸 알아챘기에 이제는 좀 마음이 놓이는 탓이다.

때론 그냥

카메라 없이 크로스백 하나만 가볍게 둘러메고 거니는 센강 변의 느긋함 속에
패스트푸드점 창가 자리에 앉아 입에 넣은 감자튀김을 천천히 오물거리는 일.

아직 딱히 뭘 한 것도 없고, 좋은 일이나 특별한 일이라곤 낌새조차 없는데
길 위에 오고 가는 사람들을 그렇게 한참이나 바라보기만 하고 있을 뿐인데
별스럽지 않은 풍경에 시선이 머물더니 이내 빠져들게 돼버렸다.
그리곤 입속에 감자튀김 하나를 더 욱여넣으며 혼잣말처럼 중얼거린다.

'조금 더 머물러도 괜찮을 것 같아.'

일주일 일정으로 시작한 파리에서의 이튿날.
막연하게 일주일에 일주일을 더해버리기로 마음먹었다.

내가 왜 이곳에 더 머물러야 하는지
더 머무를 동안 난 무얼 해야 하는지
고민조차 필요치 않은 건 그래서일 것이다.

좋은 데엔 이유가 없다잖아.
'그냥'으로 충분할 때가 있는 것이다.

한 장면의 주인공

서로를 바라보는 것만으로도
당신의 시선이 훑고 지나간 자리엔 이야기가 담긴다.

별스럽지 않은 순간이 특별해질 수 있는 건
서로의 시선이 닿을 수 있는 당신이란 존재가 있기 때문이다.

함께 할 때면 우린 늘 한 장면의 주인공이다.

시간을 가진 자

우연히 들른 서점에서 한참 동안 책 속에 고개를 파묻느라
다른 볼거리들을 과감하게 내버려 둘 수 있는 것도

어디로 향하는지도 모를 버스에 무작정 올라타고는
종점까지 갔다 되돌아오며 바라보는 창밖 풍경에 넋 놓을 수 있는 것도

광장을 울리는 뮤지션의 버스킹에 주변을 서성이는 데 그치지 않고
이내 바닥에 편한 자세로 눌러앉아 마지막 곡까지 함께 할 수 있는 것도

따스한 햇볕이 부드럽게 내려앉은 잔디밭을 바라만 보지 않고
망설임 없이 머리맡에 가방을 눌러놓고 누운 채 한참이나 눈을 붙일 수 있는 것도

길 위에서 처음 만난 사람이 내민 손을 망설임 없이 잡고
생각지도 못했던, 상상만으론 전혀 닿을 수 없을 곳에 이를 수 있는 것도

늘 적당히 비어 있는 내 하루를 누군가 대신 채워줄 것을,
그래서 내 하루는 더욱 특별해지고
충분해질 거라는 걸 어렴풋이 알고 있어서다.

그럴 수 있는 건
걸어온 길보다 걸어야 할 길이 훨씬 더 많이 남아 있는,
다른 사람들보다 조금은 더 긴 호흡으로 걸어갈 수 있는,
'시간을 가진 자'의 여유가 있기 때문이다.

모자이크

끄적이는 걸 좋아한다.
때와 장소를 가리지 않고 무언갈 남겨놓는 것에
집착하는 건 그래서인지도 모른다.

흘러가 버릴 수 있는 어떤 순간들이 문득 눈에 밟혀
오래도록 기억하고 싶은 마음이 생길 때면
펜을 들어 스케치하거나, 글을 끄적이거나,
옆에 놓인 카메라를 들어 사진으로 담아낸다.

누구에게나 똑같이 비치는 장면들이
내게서 그렇게 한 번 걸러져 조금은 달라진 맵시를 갖추게 되고,
별것 아닌 듯한 기록들이 알게 모르게 쌓이고 쌓이다 보면,
'나'라는 사람의 시선, 생각으로 한데 뭉쳐진 모자이크 그림이 된다.

떼어놓고 보면 각기 다른 것 같은 조각들이 한데 뭉쳐지는 순간
자신을 선명히 드러내는 하나의 모자이크 그림이 될 거란 걸 믿고 있기에
오늘도 나만의 필터로 거른 조각 하나를 남긴다.

애틋한 거리

이제 막 해 저물어가는 잔디밭 위에 가방을 마음껏 던져놓고 주저앉았다.

적당히 뒷짐 져 펼친 두 팔로는 슬쩍 뒤로 기울인 몸을 지탱하고,

조금 치켜든 고개로는 살짝살짝 방향을 틀어 운동장을 빙 둘러본다.

그러다 문득 눈앞의 벤치 하나에 시선을 빼앗긴다.

좀 더 정확하게는 벤치에 앉아있는 남자와 여자에게 사로잡힌 것이다.

웃통을 시원스레 벗어젖힌 남자와 길게 묶은 머리를 어깨 한쪽으로 비켜 넘긴 여자,

그 둘 사이의 거리가 몹시 궁금해졌다.

찰싹 달라붙은 것은 아니지만,

그렇다고 둘 사이에 누군가 끼어 앉을만한 여지를 줄 틈은 없어 보이는

그런 애틋함이 묻어나는 거리다.

90도로 고개 꺾어가며 서로를 한참이나 바라보는 와중에도

남자와 여자의 얼굴에 핀 웃음꽃은 꺾일 기미조차 보이지 않는다.

서로만 괜찮은 거라면 조금 더 가까워도 좋겠다.

혹시나 두 사람이 서로에게 조금 부끄러워 그마저 쉽지 않은 거라면

마지못해 벤치가 바짝 줄어들기라도 했으면,

그렇게라도 두 사람의 사이가 애틋함으로만 머물지 않았으면 싶은 것이다.

쓸모 있는 사람

스위스 바젤 중앙역에서 인터라켄으로 가기 위해 역사 벤치에 앉아 기다리던 때였다. 숙소에서 체크아웃할 때 지나치며 가볍게 손인사만 나눴던 미국인 청년이 마침 내가 앉아있던 벤치 옆자리에 와 앉았다. 내 옆에 놓아둔 통기타를 자꾸만 힐끔힐끔 쳐다보는 그와 눈이 마주쳤고, 순간 두 눈을 반짝이며 통기타를 쳐봐도 되겠냐며 그가 물었다. 안 될 이유가 없었다. 망설일 것 없이 곧장 케이스를 벗겨 카포까지 물려 건네주자 그 청년은 왼손으로 능숙하게 코드를 잡더니 연주를 시작했다. 그렇게 10여 분 동안 중앙역사 안에는 어쿠스틱 멜로디가 잔잔하게 울려 퍼졌다. 이내 플랫폼으로 기차가 미끄러져 들어오자 그의 연주도 기차와 함께 멈춰섰다. 연주를 멈춘 그의 얼굴엔 뿌듯함과 개운함 그와 비슷한 여러 가지 감정이 가득해 보였다. 그가 연신 고맙단 인사를 건네며 도착한 기차 안으로 사라지는 데, 순간 왠지 모를 벅차오름에 가슴 깊숙한 곳이 뜨거워지기 시작했다. 알 것만 같았다. 그가 연주를 멈췄을 때 느꼈을 그 기분을.

여행을 떠나오기 전 기타 연주에 한참 재미를 붙이고 있었지만, 감히 세계여행에까지 기타를 가지고 돌아다닐 엄두는 내지 못했다. 괜히 혹 하나 더 붙여 여행길만 불편해질까 싶어 애초에 단념해버린 것이다. 여행을 시작한 지 한 달을 넘어설 즈음 기타 생각이 간절해지던 찰나 쿠바 아바나 숙소에서 마침 일본인 뮤지션 여행자를 만났고, 그의 기타를 건네받아 연주해볼 기회가 생겼다. 손에 익은 코드를 짚어 기타 줄을 퉁기자 온몸에서 꿈틀대던 그 순간의 감각은 너무나 선명하게 몸에 스며들었다. 앞으로의 여정에 기타 하나쯤 더 얹더라도 이젠 감당할 수 있을 것 같아졌다. 그로부터 한 달 뒤 페루 리마의 악기 상가에서 장만한 통기타는 머나먼 여정 끝에 이곳 스위스에서 마침 미국인 청년에게 건네질 수 있게 된 것이다.

내가 느꼈던 감정을 고스란히 다른 누군가에게 전해줄 수 있었다는 사실에 뭉클
해졌던 걸까. 누군가에게 쓸모 있는 사람이 되었다는 데서 오는, 이전에는 미처
닿지 못했던 깊은 곳으로부터 전해오는 울림이 있었다. 길을 걷다 광장에서 버스
킹을 하는 뮤지션의 음악에 귀를 기울이고, 마술 부리듯 그림을 쓱싹 그려내는
화가의 붓놀림에 한참 동안 시선을 빼앗기고, 저녁 식사에 초대받아 정성껏 준비
한 친구의 음식에 허기진 배가 든든해지고. 돌이켜보니 여행길 위에서 늘 누군가
나누어준 것을 과분할 정도로 받기만 해온 건지도 모른단 생각이 들었다.

미국인 청년이 떠나간 자리 뒤에, 이전에는 미처 알아차리지 못했던 의식 한 줌
이 남겨져 덧없던 마음속에서 툭 하고 터져 나왔다. 때에 따라서 방식이 조금씩
달라질지 몰라도, 작은 나눔의 마지막엔 결국 '쓸모 있는 사람'으로서 자리를 지
킬 수 있을지 모른다는 믿음이 생겨난 것이다.

인연,
연인

일상 속 오가며 잠깐의 스쳐 감도 인연이라면,
여행 중 찾아간 낯선 도시에서의 우연한 재회는
약간의 놀라움만으로 서로를 흘려보내기엔
못내 아쉬워지는 만남이다.

그 만남이 유독 별스러울 수 있는 건,
서로의 '인연'이 자리 바꿔 앉는 것만으로도
당신의 '연인'이 될 수 있어서 인지도 모른다.

균형의 추

하늘을 우러러만 봤고, 땅을 밟고 지나가기만 했던 오랜 날을 건너뛰어
도심 속 언제 어디서나 높이 오를 수 있게 된 오늘날에 이르러서야
하늘과 땅을 균형 있게 바라볼 수 있는 시선이 주어진 건지도 모른다.
심지어 오르지 않아도, 창밖을 내다보지 않아도
손안의 조그마한 화면만으로도 전 지구적 관찰자가 될 수 있는 요즘이다.
찾지 못해 어쩔 수 없었다는 불평과 투정은 이젠 매력적인 변명이 되질 못 한다.
그렇게 세상의 모든 것을 다 알 수 있다고 생각했기에
언젠가부터 내 속엔 막연한 든든함이 자리했다.

하지만 세상일에 균형의 추를 놓아야 할 때가 되어서야 아차, 싶었다.
막연히 '알 수 있다는 생각'은 사실 '내 것'이 아니었다.
무수히 깔려있던 세상 이야기 속에 정작 나만의 이야기가 없었기에
눈앞이 캄캄해져 판단이 서질 않는 것이다.

어쩌면 하늘을 올려다보고 직접 땅을 밟아나가던,
이젠 필요치 않다 여겼던 그 오랜 날의 일들 없이는
세상 모든 것을 바라볼 수 있는 시선조차 무의미해지는 걸지도 모른다.

그래서 힘이 들고 시간이 걸리더라도 조금 걷기로 한다.
세상이 알려준 건 잠시 묻어둔 채 내가 직접 알아가기로 하는 것이다.
당장 시야에 들어오는 거라곤 좁은 길목과 높디높은 텅 빈 하늘뿐 이지만
먼발치서는 미처 발견하지 못했던 이야기들이 주변 구석구석에서 쏟아져 나올 것이다.

그렇게 하나, 둘 쌓여갈 이야기들은 내 것이 되어 세상의 이야기 속에 품어질 것이다.
그리고 언젠가 제법 망설임 없이 세상일에 균형의 추를 맞춰가는 나와 마주할 테다.

건져 올림

지금 당장은 귀찮아서 아무 데나 던져둔 물건.
나중에 조금 부지런해지고자 할 때
다시 제자리로 옮겨놓을 거라며 지금의 게으름에 충실해 버리지만
부지런해질 즘엔 그 물건을 어디에 던져두었는지
까맣게 잊어버리고 말 거다.

여기저기 들춰대며 온 방안을 난장판으로 만들고서,
그래도 나오지 않아 한숨만 푹 내쉬며
의자에 걸터앉을 때야 비로소 눈에 들어오는 그 물건.

귀찮은 탓에 당신이 무심히 내버려 두느라
자칫 얼마간 잊어버리고 말 뻔한 것들을
그렇게라도 간신히 붙들어 용케 건져 올릴 수 있다면
그것만으로 다행이다 싶다.

그렇게 한두 번, 가까스로 건져 올려진 당신의 조각들을 발견하다 보면
이젠 마냥 놓치고 싶지 않다는 생각이 들겠거니,
그랬으니 이 수고스러운 건져 올림도 나름 쓸모없진 않았구나 싶은 마음에
조금은 더 힘차게 낚싯대를 휘두르게 되는 건지도 모른다.

당신

당신의 바람은 어쩌면

좋은 것만 물려받고 닮았으면 하는 바람, 그런 것인지도 모른다.

날 보며 당신의 젊은 날이 비칠 때가 있을 테다.

나 역시 당신을 보며 문득문득 당신의 그림자를 따라 걷고 있는 듯할 때가 있다.

이건 정말 닮지 말아야지 했던 모습이 어느샌가 '나'일 때면,

소름이 끼쳐 당신의 그림자에서 벗어날까 싶다가도

당신이 묵묵히 드리워준 그늘, 불어오는 시원한 바람마저 놓치진 않을까 망설여져

그림자 밖으로 살짝 내놓았던 발을 냉큼 다시 집어넣고 마는 못난 '나'다.

자랑하고 싶은 일이 생길 때면 그 일에 설레기보단,

누구보다 진심으로 반겨주고 신날 당신의 모습이 그려지기에

소식을 전해줄 수 있는 당신이란 존재만으로 심장이 두근거리는 나이다.

양손에 꽉 쥐고서 놓질 못하던

'욕심'이라는 단어와

'이기심'이라는 단어를 놓아줄 수 있을 때가 되어서야

'책임'이라는 단어와 '희생'이라는 단어를 온몸으로 품은 채

당신의 그늘에서 벗어날 수 있을지도 모르겠다.

조그만 나의 바람이라면,

그때가 되어선 당신만큼이나 부끄럽지 않은 누군가의 그늘이 되어줄 수 있었으면,

그럴 준비가 되어 있었으면 좋겠다.

너무나 당연한 당신의 사랑에

감사함은 왜 그렇게 당연하지 못했는지,

또 한 번 못난 '나'다.

Nord
SOS
Gleis 1

포스트카드

메모장 한쪽에 두 달 전부터 써내려가기 시작한 글이 있다.
여행의 반환점을 돌아선 적당한 날,
지구 반대편으로 날려 보내기 위해 한참이나 뜸을 들인 글이다.
오랜 시간 그렇게나 많이 다듬고 고친 글인데도
막상 우체국 앞에 서서 다시금 내용을 훑어보자 여전히 빈틈이 많은 글.
그래도 한참을 고르고 골라 집어 든,
이쁜 풍경이 콕 박힌 엽서가 뒷면의 부족함을 채워 줄 거라 믿어 보는 거다.

최대한 반듯하고 이쁜 글씨로 쓰고 싶은 마음에
빈 종이를 꺼내 같은 내용을 몇 번이나 반복해서 펜을 휘갈기고,
눈감고도 써내려갔던 집 주소는
적어놓고도 왠지 낯설어 몇 번이고 다시 확인해보고,
이젠 됐다 싶어 우표를 붙여 직원에게 건넸다가도 냉큼 다시 뺏어 들고는,
혹시나 싶은 마음에 또 한 번 확인하고서야 겨우 손에서 내려놓게 된다.

매일같이 SNS를 통해 연락을 주고받으며 안부를 전하는 와중에
굳이 따로 엽서를 써 시간을 건너뛴 안부를 전하기가 멋쩍기도 하지만,
얇은 종이 한 장이 어떨 땐 종이비행기가 되어, 때론 종이배가 되어
또 하나의 여행을 시작하는 걸지도 모른단 생각에 괜히 설레는 거다.
새로운 여행에 내 오랜 안부가
조금은 더 근사해 질거란 막연한 기대를 해보는 거다.

Butterfly
BALLOONS

한마디

그 자리에 앉아보면 뭔가 좀 다르게 보이기라도 하는 건지,
무엇도 그만의 시간을 멈춰 세울 수 없을 것 같은 단단함을 품고 있는 듯
난간에 올라앉은 사내는 꿈쩍도 하지 않은 채
성당의 정면 어딘가를 한참 동안 바라만 봤다.

잠시 후 등 뒤에서 나지막이 들려온 가녀린 음성이
그를 둘러싸고 있던 침묵의 공간을 툭 하고 건드렸다.
그녀가 부르는 소리에 망설임 없이 고개를 뒤로 젖혀 미소를 지어 보이는 사내.

무엇으로도 깨지지 않을 것만 같던 단단함은,
의외의 것에 사르르 녹아내리고 만다.

우린 늘 그렇게 전혀 강하지 않은 말랑말랑한 마음으로
애써 괜찮은 척, 단단한 척 겨우 버텨내다가
그 한마디에 맥없이 풀어져 버리고 만다.

조금만 더 일찍 내게 건네주길 바랐던 한마디에
굳어있던 마음이 그만 녹아내리고 마는 거다.

IPIS A POST PAVLVS V BVRGHESIVS ROMANVS PONTMA   PONT VII

Breakfast 5.90£!! from 7:00

새벽 길모퉁이 정거장 앞에 서서 버스를 기다릴 때
텅 빈 거리의 스산한 상쾌함이 쉽게 잊히지 않는 건
이른 아침을 누구보다 먼저 준비하는 한산한 길 위의 분주함이 좋아서다.

두둑이 쌓아 묶은 신문을 쉴 새 없이 가판대 앞으로 옮겨놓는 몇몇 사람과
그 옆 도로를 말끔하게 쓸어 담는 환경미화원의 빗질에 거리가 새 단장 되고,
여기저기 이제 막 열어젖히는 가게 셔터 소리에 맞춰
테이블과 의자를 길가에 널어놓는 카페주인들의 복작거림에
가만히 서서 새벽 첫차를 기다리는 나도
덩달아 부지런해진 것 같아져 어깨가 들썩인다.

그들이 채워놓은 텅스텐 빛 새벽공기를
오렌지빛 라이트로 덧칠해나가는 새벽 첫차들의 붓질을 보고 있으면,
괜스레 기다리던 버스도 조금 늦게 도착하길 바라게 된다.
그리곤 이내 카페 앞에 내어놓은 입간판에 눈길이 향한다.

'Breakfast 5.90£!! from 7:00'

테라스에 앉아 매일 먹던 거로 간단히 배를 불리고 나면
그때야 본격적인 하루가 시작될 것만 같아져 마음이 조급해진다.

사진액자

이른 아침부터 방 청소를 핑계로 나가라고 보채는 숙소 아주머니께서
아직 어디로 갈지 정하지 못한 내게 여기나 다녀오라며 툭 던져준 팸플릿 한 장.
겉면에는 예쁜 성 하나가 놓여 있었다.

제대로 된 검색조차 못해보고 대강의 가는 길만 메모한 채
헷갈리는 길에선 적당히 눈치를 살펴 다른 관광객들의 동선에 묻어가며
그렇게 겨우 성이 한눈에 내려다보인다는 징검다리에 올라섰다.

징검다리를 한 발짝 밟아 나가며 걷히는 시야 뒤로 언뜻 눈에 익은 풍경이 펼쳐졌다.
눈앞의 풍경에 감탄을 뱉어내기도 전에 언젠가 눈에 담아두었던
액자 속 사진이 먼저 튀어나와 멈칫할 수밖에 없었다.

그 언제쯤 제주도를 여행했을 때 썩 괜찮은 Bar에 들린 적이 있다.
한쪽 벽면을 가득 채우고 있던 커다란 사진액자에
시선이 뺏겨 대화의 끈을 자꾸만 놓치다 보니
사진 속 장소가 어딘지 알아내야만 할 것 같아졌다.
가게를 나서기 전 지나가던 직원을 불러 물었지만 알 길 없다는 답변만 돌아온 터라
아쉬움에 조금만 더 바라보다 일어서기로 했던
사진액자 속에도 예쁜 성 하나가 놓여 있었다.

닿을 수 없을 상상 속의 장소라며
오랜 기억 속에 조심스레 꽂아놓았던 책갈피가 갑작스레 눈 앞에 펼쳐진 순간,
알 길 없던 예쁜 성 하나가 생각지도 못한 순간에 기억 속 액자를 깨고 나와서는
징검다리 위에 선 내게 벅찬 감동을 안겨주는 거다.

잊을만하면 한 번씩 찾아오는 갑작스럽고도 운명 같은 순간은
이미 특별해져 버린 순간에 윤기를 더해버리니
'역시 삶은 계속해서 살아 갈 만해'라는 뻔한 깨달음을 뱉어내게 하는지도 모른다.

구겨진 로또 영수증

일상의 사소한 물건 하나에도 순간의 감정들이 담기고,
때론 하나의 작품이 될 수 있다면 어떨까.

'A Series of Disappointments'
'실망 연작'이라는 제목으로 수십장의 복권 영수증이 이어 붙여진 사진집 한 권엔
제멋대로 구겨진 수백 개의 복권 영수증이 표출하는
분노의 감정이 고스란히 담겨있었다.
문득 가방 앞주머니 속에 채 버려지지 못하고 굴러다니던
쪽지 모양으로 접힌 영수증 하나가 떠올랐다.

어쩔 땐 열십자를 두어 번 그어 찢어 흩뿌리거나
양피지마냥 돌돌 말아 적당한 곳에 끼워넣기도 하고
손에 잡히는 대로 한 움큼 쥐어 꾸깃꾸깃 뭉개 던져버리던,
혹은 반듯하게 쪽지 모양으로 접어 선물인 척 옆 사람에게 건네는 장난을 치곤 하던,
아무렇게나 받아 쥐고선 이내 손에서 놓아버렸던 지난 영수증의 흔적들을 기억하는가.

당신이 하루에도 몇 번씩이나 만들어내는 영수증이란 작품은 어떤 모습인가.

배보다 배꼽

무척 저렴하다고 알려진 유럽 내 저가항공이지만,
당신의 짐 가짓 수가 제법 많아진다면 이야기가 달라진다.

무료로 기본 제공해주는 두어 개의 짐을 다 내어놓고도
통기타라는 녀석이 남은 탓에 기내반입 추가비용만 40유로를 뱉어내고 나니
40달러를 주고 샀던 녀석의 몸값이 이렇게도 비싸졌나 싶은 생각에 웃음이 나왔다.

여행 중 통기타를 사고 나서
몇 달간 녀석 덕분에 쌓아온 시간의 가치가 그만큼이려니,
아니, 가격만으로 따져지지 않을 만큼 값지다고 생각하니
오히려 더없이 소중해져 버린 물건.

여차하면 버려둘 각오로 저렴하게 들여왔던 물건이었지만,
어느덧 낯선 여행길에 없어서는 안 될 녀석이 되어버린 것이다.

때론 이런 식으로 내가 짊어진 무게를 감당해야 할 때도 있다.
40달러를 주고 산 통기타를,
40유로를 내고서 기내운반해야만 하는,
배보다 배꼽이 더 커져도,
커진 배꼽을 움켜잡고 가야 할 때가 있다.

MORRO DA SÉ _CH.1

Chapter「믿음」

낯선 길 위의 너와 나

마사이 소녀

아프리카 탄자니아에는 우리나라 제주도쯤 되는, 인도양의 흑진주라 불리는 잔지바르 섬이 있다. 휴양 섬 잔지바르 바닷가에 자리 잡은 카페, 식당을 거닐다 보면 검붉은 천을 둘러메고 폐타이어로 잘 기워 만든 샌들을 신은 채 일을 하는 나이 어린 마사이족들을 심심찮게 발견할 수 있다.

마사이족은 탄자니아 세렝게티 지역을 기반으로 해서 살아가고 있는데, 나이 어린 이들이 고향 땅을 떠나 멀리 잔지바르 섬까지 건너온 건 카페, 식당에서 일하며 번 돈을 고향에 보내 넉넉지 않은 집안 생계를 책임지기 위해서다.

내가 매일같이 식사와 커피를 해결하는 숙소 앞 카페에도 수줍음 많은 마사이 소녀가 한 명 있다. 손님이 뜸해진 해 질 녘, 소녀는 조금 여유로워졌는지 카페를 벗어나 바닷가로 발을 내디뎠고 잔잔하게 떠밀려오는 파도에 발을 살짝 적시며 어딘갈 바라보기 시작했다. 한참을 꿈쩍 않고 서 있는 그런 소녀가 자꾸만 눈에 밟혔고, 그러다 문득 그녀의 시선이 향하는 곳이 몹시 궁금해졌다.

인도양 수평선 언저리에 희미하게 맺혀있을 고향 땅이 아른거리기라도 한 걸까. 얼마나 오래됐을지 모를 시간만큼이나 깊게 묻어뒀던 그리움이 순간 터져 나오기라도 한 걸까. 그만큼 그리워서, 생각하면 할수록 더 그리워져 어쩔 수 없이 그만 꿈쩍할 수 없어져 버린 걸까.

소녀의 그런 시선이 왠지 낯설지 않은 건 떠나온 게 그녀뿐만이 아니란 생각이 스쳐서다. 나도 그새 참 멀리도 떠나왔구나 싶어 괜히 콧잔등이 시큰. 해변 모래 위에 철퍼덕 주저앉아서는 한동안 꿈쩍할 수 없었다.

낯선 길 위의 너와 나

여느 여행지처럼 이곳도 잠깐 머물다 떠날,
밟아온 수많은 발자국 중 하나일 곳이지만
여느 때와는 조금 다른 느낌이다.

짧은 며칠 동안이지만 내 사람인 것 마냥 너무나 소중해져 버린
인연들이 스쳐서 갔고, 머물렀고,
함께했던 추억들이 쉼 없이 피어오르고 맴도는 곳이다.
그래서인지 꼭 다시 들리겠다는 진심 어린 다짐을 묻어 두고서야
간신히 발이 떼어지는 곳이기도 하다.
다짐에 얽여 많은 것이 묻어있는 곳이기에
발을 떼는 순간 이곳은 마음속 고향이 되어
가슴 제일 깊숙한 곳에 쿡 박힌다.

낯선 길 위에서 함께 했던 너와 나는 마치 고향에서의 첫사랑 같아서.
훗날 이곳에 들러 다시 만날 수 없을 거란 짐작이 어렴풋해질 즈음
돌아서고 보면 차라리 그편이 나을 거란 생각에
짧고 강렬한 만남이 처음이자 마지막이 될 거란 걸
짐짓 모른 체해버린 건지도 모른다.

좋은 기억만으로 오래도록 추억할 수 있는,
다시는 그 시절로 돌아갈 수 없어 더욱 애틋한 첫사랑 같아서.
차라리 그런 인연으로 남을 수 있어 다행스러워지는 거다.

잊어선 안 되는 세 가지

여행을 하면서 잊어선 안 되는 세 가지가 있다.
바로 '웃음, 인사, 질문'.
어쩌면 너무나 당연해 보여서 '그걸 못해?'라고 고개를 갸우뚱할지도 모르지만
막상 여행을 떠나서 순간순간을 부딪치면 느끼게 된다.
세 가지 중 어느 것 하나 잊지 않고 지켜내기란 그리 만만치 않다는 걸.

예상치 못하게 닥친 불운에 내 몸을 가눌 여유조차 없어지고,
빡빡한 일정에 지쳐버려 입을 뗄 기운조차 없어질 때면
당장 주저앉고 싶어지기 때문이다.

그런데도 웃음을 잃지 않고
길 위에서 스쳐 지나가는 인연들에 먼저 인사를 건네며
의문스러운 순간엔 망설임 없이 질문을 던지려 노력하는 것만으로
여행은 더욱 즐거워진다.

숙소를 나서는 길모퉁이에 한두 분씩 앉아계시는 어른들과 마주하게 될 때,
자연스레 건네는 눈인사로 서로의 입가엔 미소가 번지고
아침을 시작하는 내 발걸음은 어느 때보다 가벼워지니 얼마나 좋은가.

평소 나답지 않게 미친 척, 마음껏 '흥' 부자가 되어보는 거다.
여행이잖아. 그래도 되는 거다.

뻔뻔스러움

여행이 계속될수록 늘어갈 수밖에 없는 뻔뻔스러움.
뻔뻔함이 늘어가는 데는 그만한 이유가 있다.

공항을 벗어나자마자 잡아먹을 듯 달려드는
택시기사들과의 기 싸움으로 시작하는 도시의 첫 만남과
부르는 게 값인 골목 시장에서 가격도 모른 채 흥정에 들이대야 하기에
속 좋은 척 그들을 배려라도 하겠다는 마음은 애초에 먹히지도 않는다.

원래가 물러터진 구석이 많은 탓에 좋은 게 좋은 거라며
내 것을 조금 내어놓는 거로 복잡한 상황을 넘겨오곤 했지만
내가 잡아먹지 않으면 잡아먹히고 마는 거친 길 위의
낯선 삶을 버텨가기 위해선 조금 뻑뻑해져야만 했다.

낯선 이가 생각지도 않은 호의를 베풀어 주는 데는
그만한 목적과 꼼수가 있다는 걸 몇 번이고 당해야 알아채기에.
어제까지의 기분 좋았던 시선들까지 불쾌함으로 얼룩지게 할 순 없어
내가 먼저 뻔뻔해져 버리고 만다.

실례가 될 말과 웃으며 넘어가 줄 정도의 아슬아슬한 경계를 줄타기하며
안되는 줄 알면서, 돌아오는 대답은 뻔하다는 걸 알면서도
모른 척 한 번쯤은 뻔뻔해져 보는 거다.

첫인사

"안녕하세요.
처음 뵙겠습니다."

당신을 둘러싼 몇 가지 수식어들과 겨우 몇 마디 나누는 동안 흘러나온 프로필로
초면인 상대방의 겉과 속을 다 핥아낸 듯 남을 이렇다저렇다 쉽게 재단해버리고,
사람을 마치 물건 고르듯 따져보는 주변의 시선이 달갑지 않을 때가 많다.

그런 내게 여행길 위에서 마주침은 더할 나위 없이 매력적이다.
여행길 위에서 마주치는 사람들은 서로 조건을 따지지 않는다.
어느 학교를 나왔고 직업이 무엇인지, 떠나오기 전 소속은 중요치 않다.
그저 지금 우리가 놓여있는 이곳,
함께 바라보고 있는 이 순간에 모두가 집중할 뿐이다.
그들이 어떻게 느끼고, 어떤 방향으로 향하는지가 궁금하고 흥미롭다.
사람들이 쏟아내는 말과 거기에 묻어나오는 감정들이
내 것과 공명할 때의 짜릿함은 덤이다.

구질구질한 조건들이 아닌 지금의 당신 감정과 생각들을 나눌 수 있어서,
따지지 않기 위해 애써 의식하지 않아도 돼서,
이곳에서의 첫인사는 더없이 반갑다.

꽃 봄

'봄꽃'.

봄이 왔기 때문에 꽃을 보러 가야 할 것 같단 생각이 문득 들어 마음이 불편해졌다.

누군가 봄이 왔다고 선언해주지 않으면 꽃을 보러 갈 수 없을 것만 같아져서다.

익숙한 달력의 계절 감각이 통하지 않는 이웃 나라에선

길에 흐드러지게 핀 꽃을 유난스런 기운이 따스하게 감싸 안는 순간,

그것이 내겐 봄일 거라며 콧노래를 흥얼거린다.

봄이 와서 꽃이 피는 게 아닌, 피어난 꽃 너머로 봄이 왔다는 걸 알아채고 나서야

마음이 조금 편하게 먹히는 건 그래서다.

누군가에겐 도무지 이해할 수 없을지도 모를 그 차이가

언젠가 전혀 다른 말로 그들에게 가 닿는 순간

매년 찾아오는 봄이 조금은 더 특별해질 걸 알기에.

그래서 봄꽃보단 꽃 봄이었으면 싶다.

관계

우린 늘 서로에게 놓인, '관계'라는 다리 위를 쉼 없이 오간다.
당신에게 무슨 일이라도 생긴 건지 꽉 막혀 정체되어버린 다리 위에서
오가도 못한 채 시간을 죽이기도 하고,
어느 순간부터 당신 쪽으로 건너가는 일방통행이 되어버리기도 하고,
참다못해 한동안 오가는 일 없을 거란 통보를 해버리기도 하지만,
그런데도 힘이 들 때면 냉큼 건너가
답답한 마음을 털어놓고는 눈물을 쏙 빼고 만다.
우린 늘 그렇게 한바탕 하고 나서야
계속해서 나아갈 힘을 확인한다.

만나자마자 욕을 던지고 되받는 시끌벅적한 부대낌 탓에
흔적을 찾기 힘들진 몰라도
알게 모르게 서로의 행동에서 묻어나고 있기에
티가 나지 않을 뿐, 서로는 이미 알고 있던 거다.
서로가 서로에게 내비치는 최소한의 존중이 오가는 관계라는 걸.
어쩌면 당신이 곁에 머물러야 할 이유는 그것만으로 충분한 것인지도 모른다.

믿음 | 낯선 길 위의 너와 나

내가 뭘 좋아하는지

스티브 잡스가 이런 말을 했다.
사람들은 그렇게 똑똑하지 못해서
아무리 말로 설명하고 설득하려 해봐도
그게 좋은 건지 나쁜 건지 잘 모른다고.
직접 그들 눈앞에 보여줘야만 비로소
자기가 무엇을 찾고 있었던 건지 판단할 수 있다고.

여행도 마찬가지다.
내가 무얼 좋아하는지
어떤 장면에 마음이 움직이는지
어떤 공간, 냄새, 소리에 설레이는지
직접 몸으로 느끼고 눈으로 확인할 때야 비로소
내가 찾고 있던 아름다움과 좋음의 실체를 발견하게 된다.

그래서 여행은 나를 성장시킨다.
내가 누구인지, 내가 어떠한 사람인지
더욱 깊게 이해하는 과정이다.

TODO ES POSIBLE Y MAS

보통의 존재

보통사람의 감성을 지닌다는 건
흔한 일이 되어야 할 것 같지만 흔치 않다는 게 아이러니다.

흔히 말하는 대중성이라는 걸 보면
적어 내려간 글귀의 단어 하나하나가 보통사람의 가슴에 팍팍 꽂히고,
읊조리는 노랫말의 선율이 보통사람의 심금을 울리고,
캔버스 위에 휘저은 붓질의 자취에서 보통사람은 번뜩이는 영감을 찾곤 한다.

보통사람이 되는 건 쉽지만, 보통사람의 감성을 지닌다는 건
선택받은 사람만이 지닐 수 있는 특별함 같아 보인다.

문득 내 사진에도, 내 글에도 보통사람의 감성이 스며들어 있을까,
확인해보고 싶어져 꺼내 보기로 했다.

많은 사람이 아니어도 괜찮다.
내 사진, 글을 읽고서 나와 같은 감정선에 올라선 몇 명만이라도 좋다.

이 느낌으로 세상에 홀로 머물지 않는다는 사실만으로
더는 외롭지 않을 것 같아 다행스러워진다.

어쩌면 그동안 내 것을 드러내놓지 않아서 몰랐을 뿐,
사실은 서로에게 자신의 것을 꺼내 보이는 순간
서로에게 특별한 존재가 될 수 있는 건지도 모른다.
서로에게 있어서만큼 너와 난, 보통사람의 감성을 지닌 특별한 존재인 거다.
그러니 부끄러워 말고 무심한 척 툭, 하고 세상 밖으로 던져 내놓아 보는 거다.

차이를 만드는 건

일기를 열심히 써야겠다고 마음먹은 건 군대 시절이었다.
힘든 시간을 종이 위에라도 토해내야 살겠다 싶어 하루도 빠짐없이 써내려갔다.
그런 내 모습을 지켜보던 동기 녀석이 한번은 내게 물었다.

"누가 상주는 것도 아닌데 왜 그렇게 열심히 쓰는 거야?"
'네 말처럼 뭘 바라고 하는 게 아니니까, 날 위해서니까 열심히 쓰는 거야'라는
오글거리는 멘트를 마음속에 밀어 넣으며

"나중에 자서전 쓰려면 부지런히 기록해둬야 할 거 아냐"라는 장난 섞인 말로 받아쳤다.
그때 쌓인 관성이 여태 이어져 와서인지,
여행을 떠나와서도 부지런히 순간의 순간들을 기록해나갔다.

그날의 감상을 되뇔 여유조차 가지기가 쉽지 않은 어떤 날엔,
그 여유를 또다시 쪼개어 일기를 쓰고
사진 정리까지 한다는 게 힘에 부치는 건 사실이다.
하지만 힘듦에도 불구하고 조금 더 신경 쓰고
부지런히 기록해나가는 깃돌이
훗날 어떤 것과도 바꿀 수도, 살 수도 없는 내 삶의 발자취로 남을 테니까.

그냥 편하게 아무것도 하지 않아도 상관없는, 무난하게 갈 수 있는 일들이지만
그렇게 똑같이 주어진 시간 속에서 조금만 더 힘을 들이고 애를 쓰는 것,
쉽지 않지만 할 수는 있는 것들,
했으면 좋겠다 싶은 것들,
해야 할 것 같은 생각이 드는 것들,
그러한 것들을 망설이지 말고 하나둘 해나가는 것,
그것이 차이를 만들어 가는 건지도 모른다.

못 미더운 것 [feat.자물쇠]

내 것을 누군가에게 내맡겨야 하는 상황은 생각보다 자주 찾아온다.

오고 가는 길에 이것저것 주워 담다 보면

어느 순간 혼자선 감당하기 버거워지는 짐이 되어버리는 탓이다.

큼지막한 가방이 들어갈 만한 라커룸이라도 있으면 다행이지만 그마저 여의치 않다면,

급한 대로 와이어를 꺼내 주변 기둥에 칭칭 묶어

조그만 자물쇠라도 걸어 둘 수밖에 없다.

마음먹으면 한 번 세게 내려치는 것만으로

쉽게 부서져 버릴 조그맣고 가벼운 자물쇠이기에

잃어버리면 곤란할 가방꾸러미들을 그런 녀석에게

오롯이 지켜내 주길 바라는 건 무리한 요구가 되어버린다.

당신 것을 내맡기고 떠나기에 자물쇠로는 충분치 않아

누군가는 매번 무거운 짐을 다 끌고 다닐지도 모른다.

마음 놓을 수 있는 기준 또한 저마다 다르기에,

여행길에서 내 자리 비움을 어디에 내맡겨야 잘한 일인지 따지기란 쉽지 않다.

중요한 건 내맡길 곳이 어디냐가 아니라,

어디든 내 무거운 짐을 덜어내고서 가던 길을 계속 나아갈 거란 사실이다.

때론 못 미더워 보이는 것이라도 온전히 믿음을 내어줄 수 있어야

가벼워진 발걸음으로 가던 길을 손쉽게 나아 갈 수 있다.

겨우 이걸로 괜찮을까 싶지만, 막상 살짝 걸쳐놓고 돌아서고 보면

주렁주렁 매달린 조그만 녀석이 뿜어내는 의외의 존재감에 든든해진다.

긁적긁적

난 시작이 쉬운 사람인가, 어려운 사람인가.
일 저지르는 거 보면 시작이 쉬운 사람인 것 같다가도,
누군가를 좋아하는 감정을 가지는 것에 대해
시작을 망설이고 있는 모습을 보면 또 헷갈린다.

내 마음에 간질거리고 있는 누군가에 대한 감정은
그 사이에 불투명한 레이어를 수백 개는 깔아 둔 것만 같다.
전혀 아니었던 감정도 생각지 못한 어떠한 것에
흔들리기 시작한다는 사실에 이게 뭔가 싶어 더욱 망설여진다.

같은 하늘을 바라보는 건

눈빛의 말을 이해하는 건

같은 노랠 좋아하는 건

우연일까요

- 권순관 노래 〈우연일까요〉 中에서 -

그러게요.

하나, 둘 그 모든 것이 그저 우연일까요?

가장 힘든 것

식당종업원이 테이블 위에 내려놓은 그릇에 정체 모를 초록색 이파리가 둥둥 떠
있다. 코를 가까이 가져다 대고 킁킁. 맙소사… 녀석의 정체는 고수풀이다. 불길
한 예감은 늘 그렇듯 틀리는 법이 없다. 워낙 가리는 음식이 많아 매번 먹던 것만
찾는 '초딩' 입맛이라 불린다. 여행을 떠나며 다들 걱정하던 것 중 하나가 '너 입
에 맞는 음식이 없어서 쫄쫄 굶고 다니면 어쩌냐'였으니 현지 음식을 먹을 때면
매번 긴장하곤 했다. 그 많은 메뉴 중 고른 게 하필이면 공포의 초록색 이파리 '고
수풀'이 둥둥 떠다니는 음식이라니 한숨이 절로 나왔다. 내 짧은 입으로는 도저
히 극복할 수 없는 식재료의 등장에 숟가락 들기를 포기해버렸고, 아마도 세상에
서 가장 먹기 힘든 건 이 녀석이라며 구시렁댔다.

그때 문득, 언젠가 수업시간에 교수님이 던지셨던 질문 하나가 떠올랐다.
"이 세상에서 가장 먹기 쉬운 건 뭘까요?"
앞에 앉아 있던 한 녀석이 별다른 고민 없이 냉큼 "침 삼키기요!"라고 대답하자,
강의실에 있던 대부분 학생이 고개를 끄덕이며 수긍하는 분위기였다. 교수님은
이런 반응을 예상하였다는 듯, 가볍게 웃어넘기며 그것보다 더 먹기 쉬운 게 있
다며 질문을 이어갔다.

"누구나 별다른 노력 없이 가만히 앉아있어도 먹을 수 있는 것,
가장 먹기 쉬운 것은 바로 '나이 먹기'에요.
그렇다면 가장 먹기 어려운 건 뭘까요?"

뻔한 문답이 아닌, 난센스 퀴즈 같은 Q&A가 이어지자 모두 조금은 진지하게 질
문에 빠져들었다.

"가장 쉬운 것 같지만 사실상 가장 먹기 어려운 게 있죠. 바로, '마음먹기'에요.
가장 먹기 힘든 마음먹기, 그리고 가장 먹기 쉬운 나이 먹기.
그 사이에서의 투쟁, 그것이 바로 삶이자 인생입니다. 여러분."

1×1.

가로와 세로 간에 한 치의 양보 없는,
팽팽한 긴장감의 비율.

그동안 묵혀놨던 여행 사진들을 간단하게 오픈 할 방법을 찾던 중
인스타그램이 눈에 들어왔다.
처음엔 정방형의 고정된 사진 크기만 허용하는 SNS가
왜 이렇게 자유롭지 못하고 고집스러울까 싶어 불만이 가득했더랬다.
물론 고집스러운 통제에서 벗어나기 위한 툴들이 있긴 했지만
그렇게 하는 게 왠지 억지스러워 마뜩잖았다.
올린 사진들로 페이지 스크롤이 꽤 길어질 즈음,
반듯하고 규칙적으로 배열된 타일식 사진 콜라주가 눈에 들어왔다.
어땠느냐고? 예뻤다. 좋았다. 인스타 사이즈가 고집스러운 건
이것 때문임이 분명할 거라 확신할 만큼.

가장 의외였던 건,
인스타 사이즈에 맞춰 어쩔 수 없이 사진 구도를 재구성하면서
피사체들이 새롭게 돋보여지는 사진들이 생겨났다는 거다.
이전엔 카메라로 촬영할 때의 원본 프레임 비율(3×2)만으로
구도를 잡아왔기에 사진을 다른 비율로 크롭할 엄두도 내지 못했었다.
어쩌면 3×2사이즈에 맹목적인 집착을 하고 있던 내가
제일 고집스러웠는지도 모른다.

엽서에 담길 때.

블로그에 올려질 때.

인스타그램에 올려질 때.

보일 곳이 달라진다면

그곳에 맞춰 달라질 줄 알아야 하는 건

사진이나,

사람이나.

안부

웬일인지 쉽게 잠이 들지 않던 깊은 밤,
계속 뒤척이다 말고 노트북을 열어 드라마 한 편을 켰다.

시골에서 서울로 올라간 아들이 걱정되어
뉴스에 서울 관련 사건·사고가 나오기라도 하면 냉큼 전화해 안부를 묻는 부모님.
그런 부모님의 걱정에 대수롭지 않다는 듯,
귀찮게 뭐하러 걱정을 하냐며 투덜거리는 아들.
그러던 어느 날, 시골 고향에 큰 사고가 났다는 뉴스를 접하게 된 아들.
다른 거 생각할 겨를도 없이 곧장 집으로 연락하지만
통화연결음만 계속되고 전화를 받지 않는 부모님.
짧은 부재중 신호만으로 초조해져 바싹 타들어 가는 마음과
혹시 무슨 일이 생겼을까 싶어 눈앞이 깜깜해지는 아들.
몇 번이고 걸고 끊기를 반복한 끝에 수화기 너머로 들리는 어머니의 목소리.
뭐하느라 이제야 전화를 받냐며, 괜찮냐며
무슨 일 생긴 건 아닌지 다시 묻고 또 묻기를 반복하는 아들.
그런 아들의 속사포같이 쏘아대는 걱정 섞인 안부에
다정하게 웃으며 별일 없으니 걱정 안 해도 된다고
오히려 우리 아들 아픈 곳은 없는지, 밥은 잘 먹고 다니는지
안부를 물으며 부족한 게 있으면 말하라고
얼른 해서 보내줄 테니 말만 하라며 그렇게 또 아들을 챙기는 어머니.
아들은 수화기를 붙든 채 아무 말 없이 조용히 눈물만 삼켜낸다.

화면 속 아들의 눈에서 흘러내리는, 멈출 수 없는 눈물처럼
어느새 내 눈에서도 어떤 것이 나도 모르게 흘러내려
베갯잇을 적시고 있었다.

서로의 부재에 익숙해지기엔 너무 먼, 지구 반대편 어딘가여서
약간의 불안도 떨어진 거리만큼이나 커져버리기라도 하는 걸까.
매일 주고받던 안부가
오늘 밤 유난히 더 크게 마음을 울리는 건 그래서 인지도 모른다.

더욱 잘 챙겨 먹고, 건강하고, 아프지만 말자.
그래, 그거면 충분한 거야.

마음이 쓰이게 되는 건

외발 리어카에 짐을 한가득 실어나르는 나이 지긋한 노인 짐꾼이 지나가다 말고,
버스터미널 구석 한쪽에 쪼그리고 앉아있는 내게 대뜸 말을 걸어왔다.

"Are you fine? (넌 잘 지내니?)"
"Of coures fine, I'm now very good. (물론 잘 지내고 말구. 최고인걸)"
"Yes, you are fine. But we are not fine. we are very poor.
(그래, 넌 좋겠지만 우린 아냐. 우린 정말 가난해)"

뭐라고 대꾸할, 어떻게 반응해야 할지 몰라 멍해져 버린 탓에
뒷말 없이 홀연히 자리를 떠나버린 짐꾼의 뒷모습을 그저 바라볼 수밖에 없었다.

주변국들보다 발달하지 못한 관광산업과 부족한 자원으로
아프리카에서도 몹시 빈곤하기로 손꼽히는 나라, 잠비아.
더불어 불안한 정치 상황과 치안상태로
매일 밤 심심찮게 여기저기서 총성이 울려 퍼지는 이곳.

그들의 사정에 안타까운 마음으로
어쩔 수 없이 먼발치서 불구경하듯 바라만 보던 내게
수레를 끌고 가던 노인이 한마디를 툭 던지고 돌아선 순간
내가 관여하게 된 일인 것만 같아져 계속 마음이 쓰이게 된다.

나와는 심적으로 연결고리가 약한,
세상의 많은 안타까운 상황 중 하나일 뿐이었지만
그가 내게 한마디를 건넨 순간, 이내 마음이 흔들려 버렸다.

자유 걸음

자기가 하고 싶은 걸 당당하게 해나가는 것만으로 의미가 충분하다면
남들과 조금은 다른 박자로 걸어가더라도 괜찮을 거란 믿음이 있어.
하지만 그 발걸음 뒤에 가려지느라 미처 신경 쓰지 못했던
현실과 마주하게 될 때면 순간 섬뜩해져.

해왔던 일들이 어쩌면 순간의 충만함일지도 모른단 생각에
그 뒤에 놓인 내 자리가 몹시 불안해져서.
점점 다른 이들과 감정적으로 물리적으로
멀어져만 가는 것 같단 생각에 외로워져서.
이대로 괜찮은 거냐는 두려움이 서려오는 거야.

호기심에 너무 오랫동안 괜한 고집을 부려온 건 아닐까.
이런 삶에도 자격이란 게 있다면,
내 분수를 깨닫지 못하고 너무 멀리 와버린 건 아닐까.
이렇게 감정적으로 쉽게 흔들리고 바스러진다면
앞에 놓일 순간들 또한 너무 힘든 시간의 연속이지 않을까.
어쩌면, 그저 물 흐르듯 다른 이들처럼 놓인 자리에 집중하고 최선을 다하는 평범함,
그것이 내게 어울리는 삶은 아닐까. 그런 생각들에 몹시 혼란스러워지는 거야.

그런데 말이야. 늘 불안을 안은 채 순간을 넘어설 때마다
내가 미처 내닫지 못한 새로운 길이 열려왔어.
그만 주저앉아 버렸다면 여기까지 오지 못했을 거야.

내가 할 수 있는 것이 있을 때,
하고 싶은 마음이 가장 가까이 있는 지금에 최선을 다하는 거야.

애써 다른 사람의 걸음에 맞춰 가지 않아도 괜찮다는 걸,
우리에겐 자신만의 속도로 걸어갈 자유가 있다는 걸
다시 한 번 확인하는 거야.

여유를 놓치지 않는 법

떠올려보면 내가 의식하지 못하는 사이에
너무나 자연스럽게 그러고 있는 나를 발견할 때가 있다.
그럴 때 내가 조금은 달라졌음을, 나의 변화를 어렴풋이나마 인식하곤 한다.
사람의 습관이라는 게 하루, 이틀 결심한다고 쉽게 바뀌는 건 아니지만
기나긴 여행에 적응하기 위해 어쩔 수 없이 하게 된 것들이
하루, 한 달, 6개월, 1년이란 세월에 겹겹이 쌓여 가다 보면
내 몸에 보이지 않는 문신처럼 새겨진다.

하루 이틀 간격으로 시간에 쫓기는 일정보다는
적어도 5일 정도는 머물면서 여유 있게 도시를 여행하려고 마음먹은 탓인지,
흠뻑 빠져버린 도시에서는 2주, 혹 길게는 한 달 가까이 머물러버리기도 했다.
그 때문에 기존에 큰 그림으로 짜놓았던 루트가 뒤로 한참 밀리기도 하고,
타이밍이 여의치 않아 다음 일정을 건너뛰고
전혀 생각지 못했던 새로운 장소로 향하기를 반복했다.
이렇게 뒤죽박죽 즉흥적으로 뒤바뀌는 스케줄에 처음엔 머리가 지끈거렸지만
어느 순간부터 고무줄 늘였다 줄이는 것 마냥
시간을 맘껏 주무르며 그 상황들을 즐기기 시작했다.
자연스레 내 몸엔 '느긋함'이란 문신이 선명하게 새겨진 건지도 모른다.

'이거 이렇게 하지 않으면 큰일이 날거야'라며
아직 일어나지도 않은 일에 대한 걱정으로 초조해하지 않아도 된다는 걸,
설사 그렇다 하더라도 정말 돌이킬 수 없는 최악의 상황은
그리 쉽게 벌어지지는 않는다는 걸,
웬만큼의 일은 어떤 식으로든 스스로 감당할 수 있고 극복 가능하다는 걸,
1년 동안 숱하게 부딪히고 겪으면서 이제는 몸이 기억하고 있다.

이리저리 치이느라 정신없이 바쁜 우리 일상이 더욱 복잡하게 느껴지는 건,
지금 당장 '할 수 있는 일'을,
지금 당장 '해야만 하는 일'로 오해하기 때문인지도 모른다.

그럴수록 지금 내가 최선을 다할 수 있는 일에 집중해보는 거다.
여유를 놓치지 않는 법은 생각만큼 그렇게 복잡하지 않으니까.

제일 무서운 때

'아악!'

왼쪽 등 죽지에 내린 담은 여전하고, 이젠 오른쪽 턱관절까지 말썽이다.
잦은 장거리 버스 이동으로 이미 고장 나버린 허리 탓에
카메라를 놓고 다닌 지도 벌써 며칠째.
그새 몸이 엉망이 되어버렸다.

"휴우⋯ 오늘은 좀 쉴까."

정신없이 어떤 일에 빠져 몰두하다
일이 끝나고 잠깐 긴장이 풀린 사이에
올 것이 왔다는 불안한 직감에 맞춰 제일 무서운 때가 찾아온다.

아무것도 하고 싶지 않을 때.
하고 싶다는 생각이 억지처럼 다가올 때.
더 강해질 필요가 있다고?
어떻게? 뭘 어떻게 해야 더 강해질 수 있는 건데?
슬럼프니, 번아웃 증후군이니,
굳이 해결하고 설명하려 이런저런 이름을 갖다 붙이지 않아도 된다.
늘 그랬듯 난 잠시 쉬어갈 거고,
조금 더 가벼워진 몸으로 다시 시작할 거니까.
'늘 그랬듯.'

마음의 대화

약속 시각에 빠듯하지만 않다면
조금 더 먼 거리로 돌아가더라도
지하철보단 버스를 택한다.

시시각각 변하는 차창 밖 풍경에 떠오르는 생각을 던져보기도 하고,
흩날리는 빗줄기엔 짠 내 나는 하루가 더욱 그럴듯해져
굳어있던 마음 한쪽이 잔잔하게 젖어들기도 한다.

뚜렷한 계획이 없는 날이라면,
별 고민 없이 정류장 앞에 선다.
그리곤 처음 도착하는 버스에 무작정 올라 몸을 내맡겨 본다.

익숙지 않은 노선이라 지금 지나치는 곳이 어딘지는 정확히 알 수 없어도
어딘가로 향하고 있는 것만은 분명하기에,
때가 되면 가야 할 곳에 다다를 걸 알기에,
염려 없이 창에 맞닿은 풍경과 마음의 대화를 나눠본다.

미묘한 변화

긴 여행을 다녀오면 무언가 크게 바뀔 것 같다는 막연한 기대감이 있다.
하지만 여행이 나를 개조하듯 뚝딱 어떻게 만들거나 바꿔주지는 않는다.
다만, 일상을 조금은 특별하게 만들어주곤 한다.
쉴 수 있는 곳을 찾을 때면 조금은 탁 트인 테라스가 있었으면 좋겠고,
조명은 드문드문 자리 잡은 오렌지빛 할로겐등이면 좋겠고,
원두를 택할 수 있는 카페에 들릴 때면 꼭 쿠바 원두였으면 싶고,
맥도날드에 들어설 때도 지구 반대편 어느 곳에서의 맥도날드가 들여다보이고,
우연히 귀에 흘러들어온 익숙한 음악에, 유럽 어느 광장의 버스킹이 눈앞에 어른거리고.

그렇게 일상생활 속 아무렇지 않을 수도 있는 순간이
여행의 시간에 묻어온 감각을 통해 공간을 넘나드는 듯 풍성해진다.

'지금 몇 시야? 벌써 그렇게 됐어?!'
매일이 일요일 같은 하루가 이어지고 지겨울 리 없는 시간이
누구에게나 공평하게 흘러가는 시간과 같을 리 없다.
'장소, 색깔, 감정, 소리, 냄새, 맛.'
무뎌질 틈 없이 나의 모든 근육을 꿈틀거리게 하는,
내 몸 어딘가에 감정 증폭 장치라도 달아놓은 것만 같은
여행시간의 경계에 서 있을 때면
아인슈타인의 상대성 이론까지 가지 않더라도,
시간이 다르게 흘러간다는 걸 눈치껏 알아챈다.

여행 시절

예고 없이 찾아온 사건, 사람들에 엮여
예측불허의 모험으로 시작한 아메리카.

시도 때도 없이 건축학도의 학구열을 자극하는
명작들의 유혹에 흠뻑 취해버린 유럽.

상상만으로도 아득하기만 했던 대자연,
야생의 품에 안겨 생 일부가 되어버린 아프리카.

일상과 여행, 그 경계 사이를 오가는 의식의 흐름을 타고
차분하게 뒤를 돌아보던 아시아.

지나고 나면 그때그때 어느 하나의 여행 시절을 그리워하고 편애할지도 모르겠다.
이 정도 왔으면 익숙해져 뻔할법한데도, 여행은 무언가 늘 다르고 새롭다.
여행의 수심이 다르다고 해야 할까.
눈치 채지 못하는 사이 깊어져 가는 수심만큼,
이해하지 못했던 일들과 불가능하다고 여겼던 일들이 가능해지기 시작하는,
놀라운 변화의 시점들과 마주하게 된다.
어쩌면 그렇게 누군가를 조금 더 이해할 수 있게 된,
소중한 시간을 스쳐 가고 있는지도 모른다.

너에게 보내는 편지

여행이 그런 것 같아.
매일 밤 내일 아침의 설렘으로 잠들 수 있을 것 같다가도
그동안 눈치채지 못했던, 어쩌면 알면서도 애써 외면해왔을지 모를 피로감에
한순간 모든 것이 공허해지는.

그땐 몰랐는데 여행을 다녀와서의 일상도 마찬가지인 것 같아.
많은 곳에서 담아온 글과 사진을 이렇게, 저렇게 풀어낼 생각에 늘 설레다가도
끝이 보이지 않는, 어쩌면 끝내고 싶지 않은 건지도 모를 여행정리,
그 여행정리의 마감선 뒤에 놓일 내 자리에 대한 불안에
또 한 번 모든 것이 공허해지는.

네 말처럼 너도 그랬고 나 역시 그랬으니
같은 지점에 놓인 다른 누군가 또한 그랬을 거야.

남은 여행,
그리고 여행을 다녀와서 시작될 또 다른 여행도 화이팅.

죽은 者와 살아갈 者

갠지스 강의 상류인 바그머띠 강이
흘러가는 곳에 있는 힌두사원.
네팔에서 유일한 화장터가 있는 곳으로
인도 바라나시의
그것과 같은 신성함을 가지는 장소다.

흰 천으로 몸을 두른 노인은
화장터의 가트(Ghat) 위에서
불탄 시체들의 잿더미를
가트 바로 밑 바그머띠 강에 떨구어 흘려보낸다.

가트 밑 강가 주변에서는 한 소년이
강물에 흘러가는 시체 잿더미 속에서
뭔가라도 주워 담기 위해 강물에 발을 담근다.

그렇게 죽은 자와 살아갈 자의 의지가
바그머띠 강 위로 흘러간다.

터전

원숭이들의 놀이터,
파슈파티나트 힌두사원.
인간의 무분별한 출입을 막기 위해
사원을 빙 둘러 설치된 철조망.

그리고
그 철조망 위를
힘겹게 넘어서는
새끼원숭이.

수많은 순례자가 세계에서 가장 큰 스투파(불탑)를 중심으로
빙글빙글 돌며 공덕을 쌓는 이곳은
티베트 불교의 오랜 순례지, 보드너트 사원.

스투파의 기단 아래를 장식하고 있는 원통 모양의 '마니차'에는
수천 개의 '옴마니밧메훔' 글귀가 새겨져 있다.
손으로 마니차를 한 바퀴 돌릴 때마다 읽힌 기도문은
화로에서 피어오르는 향에 실려 하늘로 올라간다.

뉴욕에서 뭄바이까지

29개국 67개 도시
340일간의 세계여행

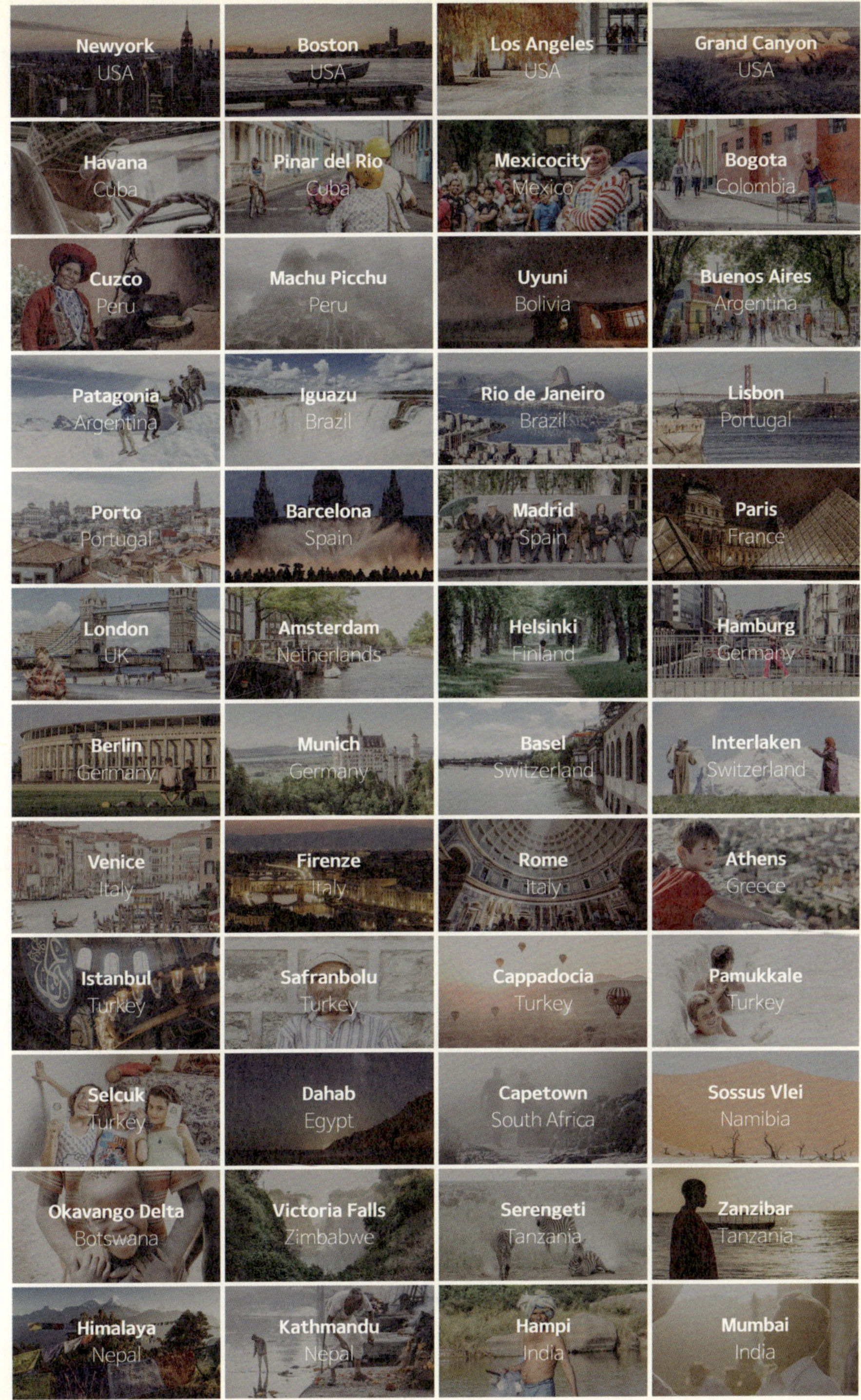

Newyork
USA
Boston
USA
Los Angeles
USA
Grand Canyon
USA
Havana
Cuba
Pinar del Rio
Cuba
Mexicocity
Mexico
Bogota
Colombia
Cuzco
Peru
Machu Picchu
Peru
Uyuni
Bolivia
Buenos Aires
Argentina
Patagonia
Argentina
Iguazu
Brazil
Rio de Janeiro
Brazil
Lisbon
Portugal
Porto
Portugal
Barcelona
Spain
Madrid
Spain
Paris
France
London
UK
Amsterdam
Netherlands
Helsinki
Finland
Hamburg
Germany
Berlin
Germany
Munich
Germany
Basel
Switzerland
Interlaken
Switzerland
Venice
Italy
Firenze
Italy
Rome
Italy
Athens
Greece
Istanbul
Turkey
Safranbolu
Turkey
Cappadocia
Turkey
Pamukkale
Turkey
Selcuk
Turkey
Dahab
Egypt
Capetown
South Africa
Sossus Vlei
Namibia
Okavango Delta
Botswana
Victoria Falls
Zimbabwe
Serengeti
Tanzania
Zanzibar
Tanzania
Himalaya
Nepal
Kathmandu
Nepal
Hampi
India
Mumbai
India

Epilogue
세 번의 여행

*

여행이란 게 겉으로 보기에는 미처 알지 못했던, 직접 경험해보고 싶던 새로운 순간들을 만나기 위해 부지런히 돌아다니는 여정일 거다. 그만큼 세상을 바라보는 시각의 스펙트럼은 조금 더 넓어지고, 세상일에 대한 애정이 더 커질지도 모른다. 그렇다면 여행이 키워준 건 그것뿐일까. 내 눈과 귀 그리고 두 발이 340일 동안 누비고 다닌 건 60여 개에 이르는 세계 각국의 도시다. 하지만, 세계 일주를 통해 진짜 여행한 건 나 자신의 내면이었는지도 모른다.

일상 속에서 불쑥 피어올랐다가 이내 사라지고 마는 무수한 감정들과 짧은 생각들. 분명 내면 어딘가에 쌓여 있었을 테지만 그동안 무심히 지나쳐버리기만 했던, 잊고 지내던 감정과 생각의 편린들이 여행의 매 순간 한꺼번에 터져 나왔다. 이미 내 안에 많은 것이 놓여 있었지만, 오래도록 다시 들여다보지 않았기에 마음속 제일 어두운 곳으로 밀려난 걸 테다. 여행은 그 어두운 곳에 하나, 둘 불을 밝히며 그동안 잊혔던 '내 것'을 다시금 찾아가는 과정이다.

내 눈과 귀와 두 발이 낯선 곳을 온몸으로 느끼고 품을 수 있을 때, 내 마음은 내 가슴속 어두운 구석구석을 밝히며 그동안 미처 알지 못했던 '나'의 흔적들을 발견해간다. 내가 관심 있는 것에 대한 확인. 내가 할 수 있을까에 대한 의문을 넘어선 행동으로의 확인. 그 과정에서 한꺼번에 터져 나오던 수많은 감정, 생각만큼이나 삶의 의미 또한 그 이전과 비교할 수 없을 만큼 깊고 넓게 펼쳐진다.

이제는 쉽게 잊히지 않을, 강렬하게 떠올렸던 그 순간의 감정을 고스란히 간직하고 있는 '그곳, 그 사람, 그때'. 마음속 어딘가를 들여다보며 애써 불을 밝히는 수고스러움이 더는 필요치 않을지도 모른다. 발걸음이 멈추는 곳에 털썩 주저앉아 그저 어느 곳이건 바라만 봐도 곧장 날 그리로 데려가 줄 테니까.

**

우리는 한 번의 여행을 통해 총 세 번의 여행을 한다고 한다. 떠나기 전 여행을 준비하면서 그곳을 상상하고 꿈꾸며 설레는 마음으로 이미 첫 번째 여행은 시작된다. 그리고 배낭을 짊어지고 공항에 들어서는 순간 두 번째 진짜 여행이 시작되는 거다. 보고 싶은 친구와 가족, 그리운 집밥을 고대하며 귀국한

것으로 여행이 끝나는가 싶다. 하지만 끝난 줄 알았던 그 찰나의 순간, 길고 길었던 여행의 발자취와 흔적을 다시 되짚어갈 여행자의 의무를 준다. 열심히 기록했던 사진과 글을 들추면서 그렇게 마지막 세 번째 여행이 시작되는 거다. 언뜻 생각해보면 마지막 여행이 가장 단순하고 쉬워 보일지 모른다. 하지만 아이러니하게도 마지막 여행은 단연코 가장 힘겨운 여정이 될 운명을 타고났다. 여행을 떠나기 전엔 출국일이, 그리고 여행을 떠나서는 귀국일이라는 마침표가 존재하지만, 정리란 것에는 끝이 없기 때문이다.

귀국 후 여행을 정리하기 시작하면 정리의 끝을 어디에 둬야 할지 망설여지게 된다. 어지럽혀진 본인의 책상 위를 정리하는 것만 해도 물건들의 위치를 수십번도 더 옮겨가며 고민에 고민을 거듭하는 우리다. 하물며 여행은 그곳에서 경험했던 무수히 많은 이야기와 그로부터 느꼈던 다양한 감정과 느낌들을 풀어내야 한다. 찍어온 수만 장의 사진들과 영상들은 또 어떻게 다뤄낼 것인지에 대한 고민은 덤이다. 당장에 사진 정리하는 것만 해도 엄청난 노력과 시간, 에너지를 투자해야 할 거다. 하지만 그런 과정에서도 아직 눈에 보이는 뚜렷한 결과물이 없다면, 그런데도 그치지 않는 욕심 때문에 해야 할 것들은 끝없이 늘어만 간다면 초조함은 이루 말할 수 없다.

커다란 흰색캔버스가 앞에 놓여있다. 그리고 싶은 대상은 명확하다. 어떻게 그려야겠다는 아이디어도 물론 차고 넘친다. 하지만 붓을 손에 들고 한참을 서서 어떻게 그려나갈지 고민만 하다간 결국 그림을 시작조차 할 수 없다. 다행히 붓에 물감이라도 묻혔다면 상황은 한결 나아질지 모른다. 물감이 채 굳어버리기 전에 캔버스에 점 하나라도 찍어야 할 테니까. 그렇게 그림은 시작된다.

새로운 것에 도전할 때마다 매번 느끼는 감정의 소용돌이. 그 속에는 결과를 예측할 수 없는 혼란, 본인 선택에 대한 불안이 혼재되어있다. 소용돌이를 피할 수 없다면 그 속으로 들어가야 한다. 휩쓸릴수록 자신을 믿어야 한다. 언제 끝날지 알 수 없는 긴 시간 또한 버텨내야 한다. 휘몰아친 소용돌이도 지나고 보면 순간이니까.

3년 전에 시작된 이 기나긴 여정에도 이젠 쉼표가 아닌 마침표를 찍을 자리만 남겨두고 있다. 그때의 선택과 고민, 수고를 감내했던 무수한 시간이 헛되지 않았음을 이 한 권의 책이 대신 말해주고 있는지도 모른다.

본인의 선택을 신뢰하며 시간을 견뎌낸, 앞으로도 누구보다 잘 견뎌낼 당신의 삶을 계속해서 응원하며 여행의 마지막 점을 찍는다.

무작정 떠날 용기

펴낸날   초판 1쇄 인쇄 2016년 9월 06일
초판 1쇄 발행 2016년 9월 19일

지은이   이준호
펴낸이   최병윤
펴낸곳   알비
출판등록   2013년 7월 24일 제315-2013-000042호

주소   서울시 마포구 동교로 18길 33, 202호
전화   02-334-4045
팩스   02-334-4046
이메일   sbdori@naver.com

종이   일문지업
인쇄·제본   (주)알래스카 인디고

ⓒ 이준호

ISBN   979-11-86173-32-9 (03980)

값은 뒤표지에 있습니다.
잘못 만들어진 책은 구입하신 서점에서 바꾸어 드립니다.

'알비'는 '리얼북스'의 문학·에세이·대중예술 브랜드입니다.

이 도서의 국립중앙도서관 출판예정도서목록(CIP)은 서지정보유통지원시스템 홈페이지
(http://seoji.nl.go.kr)와 국가자료공동목록시스템(http://www.nl.go.kr/kolisnet)에서 이
용하실 수 있습니다.(CIP제어번호: CIP2016021715)